LE POTAGER DE VERSAILLES

L'ÉCOLE NATIONALE

D'HORTICULTURE

DE VERSAILLES

FONDATION DE L'ÉCOLE NATIONALE D'HORTICULTURE. — LE POTAGER DE VERSAILLES.
PLAN ET DESCRIPTION DE L'ÉCOLE. — CULTURES. — JARDIN D'HIVER ET SERRES.
PÉPINIÈRE ET ÉCOLE DE BOTANIQUE.
ENSEIGNEMENT, PROFESSEURS ET ÉLÈVES. — RÉSULTATS ACQUIS. — AVENIR DE L'ÉCOLE.
PROGRAMME DES COURS ET RÈGLEMENT DE L'ÉCOLE.

Par Édouard ANDRÉ,

Architecte-Paysagiste;
Rédacteur en chef de la *Revue horticole.*

EXTRAIT DE LA *Revue horticole*

Ouvrage orné d'un plan colorié et de 12 figures

PARIS

LIBRAIRIE AGRICOLE DE LA MAISON RUSTIQUE

26, RUE JACOB, 26

LE POTAGER DE VERSAILLES

L'ÉCOLE NATIONALE D'HORTICULTURE
DE VERSAILLES

IMP. GEORGES JACOB, — ORLÉANS.

L'ÉCOLE NATIONALE
D'HORTICULTURE
DE VERSAILLES

FONDATION DE L'ÉCOLE NATIONALE D'HORTICULTURE. — LE POTAGER DE VERSAILLES.
PLAN ET DESCRIPTION DE L'ÉCOLE. — CULTURES. — JARDIN D'HIVER ET SERRES.
PÉPINIÈRE ET ÉCOLE DE BOTANIQUE.
ENSEIGNEMENT, PROFESSEURS ET ÉLÈVES. — RÉSULTATS ACQUIS. — AVENIR DE L'ÉCOLE.
PROGRAMME DES COURS ET RÉGLEMENT DE L'ÉCOLE.

Par Édouard ANDRÉ,

Architecte-Paysagiste,
Rédacteur en chef de la *Revue horticole.*

EXTRAIT DE LA *Revue horticole*

Ouvrage orné d'un plan colorié et de 12 figures

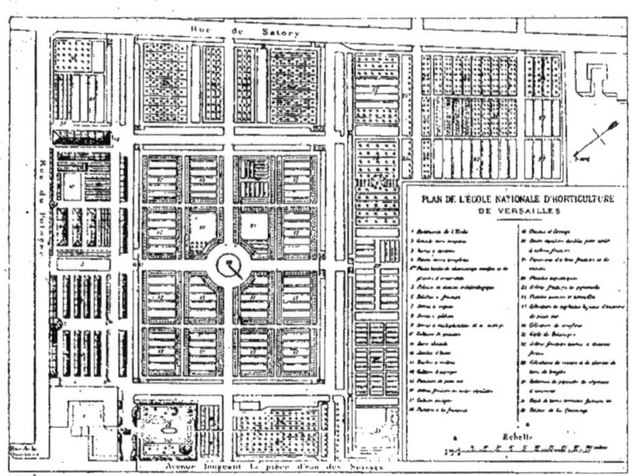

PARIS
LIBRAIRIE AGRICOLE DE LA MAISON RUSTIQUE
26, RUE JACOB, 26

1890

A M. A. HARDY

Directeur de l'École nationale dH'orticulture de Versailles

Mon cher Maître,

Cette École d'horticulture de Versailles, dont j'essaie aujourd'hui de tracer l'histoire, la description et la vie, vous l'avez vue naître et grandir. Vous avez dirigé ses premiers pas, vous l'avez façonnée, consolidée, choyée, et vous assistez maintenant à son épanouissement, comme on jouit des succès d'un enfant bien-aimé.

C'est la juste récompense de vos travaux et de vos peines.

Vos disciples, à qui vous avez transmis les saines méthodes et les bons exemples, ont déjà répandu, sur notre territoire et même au delà de nos frontières, votre nom justement populaire parmi les horticulteurs de notre temps.

Ce nom, vous l'aviez reçu comme un patrimoine de respect de soi-même, de vraie science et de pratique éclairée ; l'opinion publique vous rend ce témoignage, que vous l'avez honoré et grandi.

Bien que je n'aie suivi que de loin vos précieuses leçons, j'ai pu en apprécier personnellement les résultats en étudiant sur place, pour la Revue horticole, *le fonctionnement de l'École que vous dirigez.*

Je demande donc à me joindre à cette légion d'élèves qui vous vénèrent, et je vous dédie ce travail comme un faible hommage de ma haute estime et de ma respectueuse affection.

Éd. ANDRÉ.

1er juillet 1890.

L'ÉCOLE NATIONALE D'HORTICULTURE

DE

VERSAILLES

CHAPITRE PREMIER

FONDATION DE L'ÉCOLE NATIONALE D'HORTICULTURE

La France, il n'y a pas encore quinze ans, demeurait en arrière des autres nations pour l'enseignement horticole. D'autres contrées, moins favorisées qu'elle au point de vue de la position géographique et des conditions climatériques, l'avaient devancée dans cette voie. La Belgique, l'Allemagne, etc., possédaient déjà des Écoles d'horticulture pratique, alors que nous n'avions pas encore institué, pour le développement de cette branche de la culture, le corps enseignant spécial qui est indispensable au développement progressif de tout art et de toute science.

Notre pays trouve cependant, dans les productions variées dues à la fertilité de son sol, les éléments de son principal commerce et l'une des sources les plus fécondes de sa richesse. L'initiative privée, éternel promoteur de toute grande entreprise, avait bien cherché une atténuation au mal par la création de nombreuses Sociétés d'horticulture. On avait déjà établi quelques jardins d'expériences, organisé des cours d'arboriculture, facilité l'instruction des jeunes jardiniers au Fleuriste de la Ville de Paris, élaboré des programmes d'examens, nommé des jurys d'hommes instruits pour examiner quelques jeunes capacités ; mais ces créations, malgré toute la bonne volonté et tout le dévoûment de leurs auteurs, ne pouvaient donner tous les résultats qu'on est en droit d'attendre d'une institution officielle, dûment réglementée, et dont le système s'appuie sur des bases solides que l'État peut seul garantir.

Ces louables essais, de même que les rapports des visiteurs officiels sur les Écoles de l'étranger, préoccupèrent néanmoins l'opinion à ce point que

les Conseils généraux, intéressés à leur tour à cette importante question,
encouragèrent les premiers efforts. Ils facilitèrent d'abord l'établissement
de nouvelles Sociétés d'Agriculture et d'Horticulture, et couronnèrent
bientôt leur œuvre de patronage par l'émission réitérée de vœux appelant la
création d'une École du gouvernement où pussent se former des jardiniers
instruits et des hommes assez éclairés pour concourir à leur tour, comme
professeurs ou chefs de services, au développement de l'horticulture française.

I. — Fondation de l'École.

Ce désir, longtemps manifesté par la France agricole et horticole, émut
M. P. Joigneaux, l'éminent agronome, député de la Côte-d'Or. Il s'en fit
l'écho, en portant la question devant les représentants de la nation. Mais il se
heurta d'abord à de grandes difficultés : la création d'une école de jardinage
dut être subordonnée à l'établissement, à Versailles, d'une école de l'enseignement supérieur de l'agriculture. Mais le projet de loi relatif à cette dernière fondation ayant été ajourné, M. Joigneaux, avec le concours de
M. Victor Guichard, revint vaillamment à la charge, et, le 16 décembre 1873,
l'Assemblée nationale, comprenant la nécessité qu'il y avait, pour un pays
comme le nôtre, à ne pas rester inférieur à ses voisins, votait une loi instituant l'École nationale d'Horticulture.

L'insuffisance, la quasi-ignorance, la routine, allaient être sapées et déra-
cinées ; la lutte commerciale pourrait désormais s'engager à la lueur de l'instruction ; la concurrence incessante de l'étranger ne serait plus un continuel
sujet de crainte ; la Science, le Travail et la Pratique allaient directement
conduire nos intérêts horticoles.

Il s'agissait maintenant de passer à la réalisation du projet ; elle ne se fit
pas longtemps attendre. Un an à peine après le vote de l'Assemblée, l'École
ouvrait ses portes aux jeunes gens que guidait vers elle le désir de s'instruire dans l'horticulture.

C'est à Versailles, dans cette ville célèbre à tant de titres, si justement
nommée le berceau de l'horticulture française, que l'institution nouvelle fut
établie. Mais au lieu de créer de toutes pièces des bâtiments et un jardin qui
eussent absorbé des sommes énormes, on choisit « Le Potager », ce jardin
connu de tous, à la création et à la culture duquel La Quintinye doit sa juste
célébrité. L'École fut placée sous la savante direction d'un homme qui occupait
déjà un rang éminent dans l'horticulture française, M. A. Hardy. On y ras-
sembla tous les éléments nécessaires à la connaissance approfondie de la science
qu'elle a pour but de propager ; aucune des mesures propres à réaliser la
pensée qui présida à sa création ne fut négligée. On transforma le Potager ;
de jardin de production fruitière et légumière qu'il était, il devint, presque
entièrement, un jardin d'étude, un jardin d'essai et d'instruction.

II. — Le potager de Versailles au XVIIe siècle.

Avant de procéder à la description de l'École d'horticulture de Versailles, un coup d'œil rétrospectif sur ce qu'était autrefois le terrain où elle est fondée peut présenter quelque intérêt.

Quel changement entre les jardins actuels de l'École de Versailles et l'état ancien de cette fondation célèbre ! Tous les perfectionnements de la culture potagère et de l'arboriculture fruitière modernes y ont successivement trouvé place. Le Directeur, toujours à la recherche des pratiques nouvelles, mais ne les adoptant qu'après des expériences comparatives et un contrôle sévère, ne laisse passer aucun progrès sans en profiter, de sorte que les élèves sont constamment tenus au courant des innovations heureuses.

Mais cette constatation n'empêche pas de rendre hommage aux devanciers. Il convient de rappeler ici les conditions dans lesquelles fut établi ce fameux « Potager de Versailles » sous Louis XIV, et quelles difficultés furent rencontrées et vaincues par celui qui le créa, par La Quintinye.

On sait que ce jardinier illustre, né à Chabanais (Charente), en 1624, fut d'abord avocat, puis se passionna pour l'agriculture. Il se spécialisa dans la culture des fruits et des légumes, et il y trouva gloire et profit. Après avoir voyagé en Italie, il fut créé par Louis XIV intendant général des jardins fruitiers et potagers de toutes les maisons royales, et Colbert lui en expédia ce qu'on appelait alors les « provisions ». Le grand Condé se plaisait à converser avec lui sur la culture. Jacques II, d'Angleterre, voulût se l'attacher et lui fit les offres les plus brillantes, que La Quintinye refusa par patriotisme.

Quand il s'agit de créer le potager de Versailles, l'architecte des bâtiments, Mansart, choisit un emplacement de nature à contribuer à la décoration générale des palais et des jardins, sans se préoccuper de l'exposition et du terrain.

Il avait édifié l'orangerie au sud du palais, et, à la base du parterre qui la précédait, un régiment des Gardes suisses avait creusé le lac qui a conservé le nom de « Pièce d'eau des Suisses ». Ce fut avec les terres qu'on en retira que fut formé le sol du nouveau potager. Ces terres étaient détestables, mais La Quintinye était un homme d'un talent peu ordinaire, et il trouva moyen de créer, dans des circonstances si défavorables, un jardin fruitier et potager qui est resté un modèle dans toute l'Europe.

Il faut lire, dans son livre intitulé : INSTRUCTION POUR LES JARDINS FRUITIERS ET POTAGERS, les immenses difficultés qu'il eut à surmonter :

On ne peut pas être mieux instruit que je le suis de tous les désordres qui arrivent à de telles terres et de tous les embarras qu'elles causent dans la culture, sur quoi il n'est pas, ce me semble, hors de propos que je fasse ici, en passant, un petit détail de ce que j'ai été obligé de faire au Potager de Versailles, dont les terres sont à peu près de la nature de celles qu'on voudrait ne trouver nulle part, et que nous n'y aurions pas, s'il avait été facile d'en faire porter de meilleures.

La nécessité de faire un potager dans une situation commode pour les promenades et la satisfaction du roi a déterminé l'endroit où est le Potager ; et la difficulté de trouver d'excellentes terres dans le voisinage a été cause qu'on s'est contenté d'y en avoir de passablement bonnes.

Ce Potager est dans un endroit où était un grand étang fort profond ; il a fallu remplir la place de cet étang pour lui donner même une superficie plus haute que celle du terrain d'alentour ; autrement, étant un marais et l'égout des montagnes voisines, il n'aurait jamais réussi pour l'usage auquel il était destiné. On a eu la facilité de remplir cet étang par le moyen des sables qu'on avait à sortir pour faire la pièce d'eau voisine ; aussi y en a-t-on fait porter jusqu'à 10 et 12 pieds de profondeur partout. Mais, pour avoir des terres qui fussent propres à mettre au-dessus de ces sables et les avoir promptement, on a donc été obligé de prendre de celles qui étaient les plus proches, c'est-à-dire sur la montagne de Satory.

En les examinant sur les lieux, je trouvai qu'elles étaient une manière de terre franche, qui devenaient en bouillie ou en mortier quand, après de grandes pluies, l'eau y séjournait beaucoup et pour ainsi dire se pétrifiait quand il faisait sec.

Je voyais qu'elle n'imbibait pas les eaux ordinaires et cela me faisait beaucoup de peine, mais j'en attribuais le défaut au tuf qui se trouvait sur cette montagne au second fer de bêche, et je me consolais dans l'espérance d'y trouver un remède par le moyen des sables sur lesquels ces terres se trouvaient posées.

Sur ce fondement, je disposai les terres du Potager pour être d'une superficie plane et sans aucune pente, comme sont ordinairement les jardins de tout le monde ; mais je fus bien surpris quand je vis le contraire de ce que j'avais espéré. Cette terre ne changea point de nature pour avoir changé de lieu, elle demeura impénétrable aux eaux. Ce que j'eus de plus favorable en ceci fut que j'eus dès la première année à essuyer le plus grand mal qui me pouvait arriver, car il survint de si grandes et de si fréquentes averses d'eau, que tout le jardin paraissait être devenu un étang, ou au moins une mare bourbeuse, inaccessible et surtout mortelle, et pour les arbres qui en étaient déracinés et pour toutes les plantes potagères qui en étaient submergées.

Il fallut chercher un remède convenable à un si grand inconvénient, ou autrement ce grand ouvrage du Potager, dont la dépense avait fait tant de bruit et dont la figure donnait tant de plaisir, aurait été inutile.

Heureusement, en faisant faire le Potager, j'avais fait faire un aqueduc qui le traversait, et qui devait recevoir toutes les eaux des montagnes qui avaient accoutumé de venir dans ce même endroit faire l'ancien étang, et étaient nécessaires pour aller faire la pièce d'eau voisine.

Je pensai donc à faire en sorte que les eaux qui m'étaient si pernicieuses allassent se perdre dans ce grand aqueduc, et, pour cet effet, je crus qu'il en fallait venir à élever chaque carré en dos de bahut.

Le remède était bon ; mais, si pour cette élévation il avait fallu faire porter des terres nouvelles, il était violent ; et pour en employer un plus doux, je m'avisai de me servir de grand fumier dont j'avais beaucoup, tant à mettre par-dessous qu'à mêler avec les terres destinées pour les légumes, et m'en suis très-bien trouvé ; le succès en a été très-bon et la dépense très-petite.

En faisant cet ouvrage, je donnai en même temps une pente imperceptible à chaque carré, pour mener dans un des coins toutes les eaux qui s'écouleraient de tous les côtés ainsi élevés. Je fis faire à chacun de ces coins une petite pierrée qui prenait ces eaux et les portait dans l'aqueduc. Je ne fus pas longtemps à m'apercevoir que cette invention était bonne : mes carrés avec leurs plantes et mes plates-bandes avec leurs arbres se conservèrent dans le bon état où je les souhaitais, et contribuèrent notablement à la conservation et au bon goût de tout ce que j'y pouvais élever.

On voit avec quel talent La Quintinye se tira de toutes les difficultés. L'établissement définitif du potager dans ce sol ingrat peut donc être regardé comme sa création.

L'enclos du potager, tel qu'il fut formé par La Quintinye, comprenait vingt-neuf jardins, divisés par des murs de refend dirigés par divers sens pour varier les expositions. Quatre grandes terrasses s'élevèrent au pourtour du carré du milieu, qui contient la plus grande surface.

Les jardins les plus abrités par la ville furent destinés aux Figuiers, dont La Quintinye mit tous ses soins à perfectionner la culture. Il plaça aussi de ce côté la melonnière et les couches.

Les Pêchers, les Abricotiers et les Cerisiers précoces étaient de chaque côté de la grille d'entrée, du côté de la pièce d'eau des Suisses ; enfin des serres chaudes de diverses hauteurs pour les cultures forcées et pour les végétaux des climats chauds y furent aussi établies.

Le jardin, commencé en 1678, ainsi que les divers travaux pour la construction des murs, bassins, serres, et de la maison de La Quintinye, bâtie par Mansart, ne furent terminés qu'en novembre 1683. La dépense fut, dit-on, de 1.170.983 livres.

Il fallut donc cinq années pour parfaire cette grande œuvre. Mais elle montre encore aujourd'hui, par l'excellence de ses principales dispositions, quel art et quel sens juste des conditions d'une bonne culture possédait l'homme qui put mener à bien une telle entreprise. La Quintinye était digne de Le Nôtre. Tous deux faisaient grand et juste à la fois.

Le Potager conserva, longtemps après sa création, la réputation qui lui avait été acquise par son fondateur. Le roi aimait à s'y promener et s'intéressait aux cultures. « Il voulait avoir, — dit la chronique, — des Asperges en décembre, des Radis et des Laitues en janvier, des Choux-fleurs en mars, des Fraises en avril, des petits Pois en mai et des Melons en juin. »

Ce qui serait actuellement un jeu d'enfant pour nos primeuristes passait à cette époque pour un tour de force.

Il ne faut pas cependant rabaisser le mérite de ces premiers temps de la culture forcée ; n'oublions pas que l'Ananas fut introduit pour la première fois en France en 1733, au Potager de Versailles, et que Lenormand fils, qui le dirigeait alors, eut la satisfaction de présenter à Louis XV les deux premiers fruits de cette Broméliacée qui mûrirent dans notre pays, le 22 décembre 1735.

C'est une satisfaction que d'avoir à constater ainsi qu'une œuvre du passé a pu traverser deux siècles entiers sans rien perdre de sa valeur première, que les améliorations apportées par le temps et par des appropriations à divers programmes n'en ont point altéré les dispositions principales, et que le Potager de Versailles reste encore, dans sa transformation nouvelle, une des créations dont notre pays a le droit de se montrer fier à juste titre.

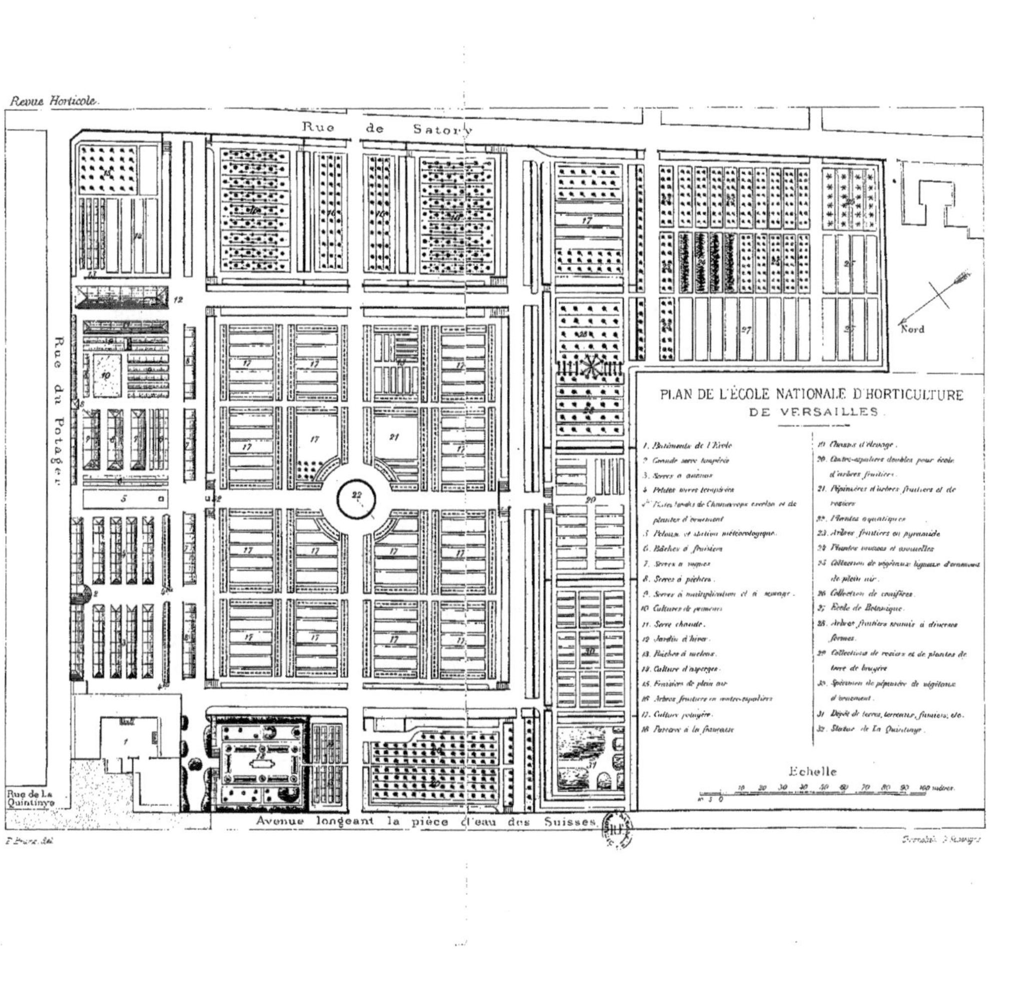

Revue Horticole.
Rue de Satory
Rue du Potager
Rue de La Quintinye
Avenue longeant la pièce d'eau des Suisses
Nord
PLAN DE L'ÉCOLE NATIONALE D'HORTICULTURE
DE VERSAILLES
1. Bâtiments de l'École
2. Grande serre tempérée
3. Serres à ananas
4. Petites serres tempérées
4bis. Vastes bandes de Chamaerops excelsa et de plantes d'ornement
5. Pelouse et station météorologique
6. Bâches à fraisiers
7. Serres à vignes
8. Serres à pêchers
9. Serres à multiplication et à semage
10. Cultures de primeurs
11. Serre chaude
12. Jardin d'hiver
13. Bâches à melons
14. Culture d'asperges
15. Fraisiers de plein air
16. Arbres fruitiers en contre-espaliers
17. Culture potagère
18. Parterre à la française
19. Champs d'élevage
20. Contre-espaliers doubles pour école d'arbres fruitiers
21. Pépinières d'arbres fruitiers et de rosiers
22. Plantes aquatiques
23. Arbres fruitiers en pyramide
24. Plantes vivaces et annuelles
25. Collection de végétaux ligneux d'ornement de plein air
26. Collection de conifères
27. École de Botanique
28. Arbres fruitiers soumis à diverses formes
29. Collections de rosiers et de plantes de terre de bruyère
30. Spécimen de pépinière de végétaux d'ornement
31. Dépôt de terres, terreaux, fumiers, etc.
32. Statue de La Quintinye
Echelle
10 20 30 40 50 60 70 80 90 100 mètres

CHAPITRE II

DESCRIPTION DE L'ÉCOLE D'HORTICULTURE DE VERSAILLES

I. — Plan d'ensemble.

Nous pouvons maintenant laisser le point de vue historique pour procéder à l'examen des conditions dans lesquelles se présente aujourd'hui l'École.

Le plan que nous publions constitue un relevé exact, élaboré avec le plus grand soin. Il représente le tracé sur le terrain tel qu'il est aujourd'hui, et il fournira, pour l'avenir, un document précieux, dans le cas où des modifications seraient apportées à l'établissement. En se reportant aux descriptions que nous donnerons en parlant de chaque spécialité, il sera facile de retrouver les emplacements principaux des cultures sur la légende gravée.

Un simple examen de l'ensemble montrera l'excellente disposition donnée aux différentes sections.

On sera surtout frappé de l'heureuse idée d'avoir entouré les grands carrés creux du milieu de vastes plateformes en terrasses, terminées par des murs protégeant les plantes contre les vents froids et reflétant la chaleur solaire, tout en fournissant de larges surfaces pour les espaliers. C'est une disposition unique, appliquée déjà sous Louis XIV, et qu'il suffit de signaler pour la faire apprécier hautement.

Les gros traits rouges du plan indiquent les murs, soit ceux de la clôture sur le périmètre extérieur, soit ceux destinés au sectionnement des jardins à l'intérieur et au soutènement des parties en terrasses.

Le grand parallélogramme, dont le centre est occupé par le bassin (n° 22), est entouré de murs, dont les deux plus longs, dirigés du sud-est au nord-ouest, forment de vastes promenoirs élevés, d'où l'on descend, par six escaliers, dans la partie en contrebas. Les petits côtés du rectangle ont une double pente, et dans leur milieu se trouve le point bas, qui est atteint par une rampe douce, permettant le parcours en voiture de toutes les sections du jardin, disposition indispensable pour le transport des engrais et des produits divers. La grande voie, partant de la rue de Satory pour aller à la pièce d'eau des Suisses, est donc tout entière sur un plan horizontal.

Toutes les divisions principales de cette grande pièce de culture sont entour ées de lates-bandes, dont le milieu est occupé par une ligne de contre-espaliers. Ces arbres sont de la plus belle venue et d'une direction irréprochable, qui fait l'admiration des visiteurs. L'aménagement des cultures potagères n'est pas moins soigné, et il fait le plus grand honneur au praticien distingué qui dirige cette branche de la culture.

On remarquera la bonne disposition de... toutes rassemblées dans un endroit restreint, de manière à ... et la surveillance.

Nous ne saurions indiquer ici tous les détails des tracés et des ... De même que le cadre de notre travail ne peut comporter l'examen ... cédés de culture en usage à l'École, ce qui constituerait un cours ... d'horticulture pratique, de même la description détaillée des formes ... et des objets diversement intéressants que renferment les jardins ... un volume.

II. — Les Jardins.

L'École d'horticulture de Versailles couvre une surface de près ... 100,000 mètres (9 hectares 40 ares), sur lesquels 1 hectare 36 ares ...

Fig. 1. — Vue à vol d'oiseau du Carré des serres.

occupés par la culture potagère; 1 hectare 59 ares par les arbres fruitiers en contre-espalier; 35 ares 28 centiares par l'École de botanique; 29 ares 54 centiares par les serres et 31 ares par une petite pépinière modèle. Les végétaux ligneux d'ornement de plein air, l'École d'arbres fruitiers (contre-espaliers doubles), les Rosiers, les plantes vivaces et autres, avec leurs nombreuses et riches collections, les châssis, les allées, les terrasses, les cours, etc., remplissent le reste du terrain. C'est dans ce vaste champ d'expé riences, encore trop restreint pour tout ce qu'on y voudrait enseigner, que les élèves viennent s'instruire, s'exercer, et qu'ils puisent cette chose absolument indispensable à l'application de toute science : la pratique.

L'entrée de l'École a lieu par les bâtiments situés rue du Potager, 4. Un passage couvert donne accès sur la cour intérieure, où les salles de cours sont placées à gauche, et au bout de laquelle se trouve l'aile occupée par la Direction.

En entrant dans le jardin, les regards sont attirés tout d'abord par un ensemble de constructions à grands vitrages, placées à la gauche du visiteur : ce sont des serres adossées. La première constitue une des serres à Pêchers ; on y cultive, en espaliers, quelques bonnes variétés, les unes en grands pots, les autres en palmettes. Cette serre mesure 35 mètres de longueur. Trois autres de mêmes dimensions lui succèdent ; ce sont deux serres à Vignes et une autre serre à Pêchers.

Séparées de ces premières constructions par de longues plates-bandes ornées de forts exemplaires de *Chamærops excelsa* et de diverses autres plantes (fig. 2), huit petites serres sont disposées parallèlement, quatre par quatre ; les unes, autrefois destinées à la culture des Ananas, renferment

Fig. 2. — Plate-bande garnie de Palmiers (*Chamærops excelsa*).

aujourd'hui, comme on le verra à l'article *Serres de culture*, des plantes d'ornement ; les autres ont conservé leur affectation primitive.

Enfin, adossée au mur extérieur qui borde la rue du Potager, se trouve la grande serre tempérée, d'un aspect monumental avec son grand pavillon central surmonté d'un dôme vitré.

Cette serre a été construite sur les dessins et plans de M. Questel, membre de l'Institut, architecte du palais de Versailles.

Une pelouse de près de 300 mètres carrés sépare la partie que nous venons de décrire d'une autre à peu près semblable, et donne à cet ensemble un aspect de symétrie très satisfaisant.

Des *Chamærops excelsa* ornent cette pelouse, qui est, en outre, garnie d'Orangers en caisse et de grands massifs de Balisiers à fleurs variées mis en pleine terre pendant l'été.

A l'une des extrèmités de ce tapis de verdure doit être construite, par la suite, une Orangerie ou serre froide, qui permettra d'introduire à l'École quelques spécimens intéressants de la végétation des climats tempérés-froids.

A l'extrémité opposée est établie la station météorologique, où les élèves ont à leur disposition tous les instruments nécessaires aux observations de l'atmosphère, si utiles à l'horticulteur.

Plus loin, comme pendant aux deux serres que nous avons mentionnées en premier lieu, se succèdent deux autres grandes serres à Vignes et à Pêchers.

Viennent ensuite : les bâches à Fraisiers et d'autres serres à Vignes et à Pêchers, dont une s'appuyant au mur d'enclos, occupe un espace au moins

Fig. 3. — Mur de l'École, à l'est, couvert de Vignes en cordons verticaux, à coursonnes unilatérales.

égal à celui de la grande serre tempérée. Puis ce sont les serres à multiplication et à sevrage, les cultures de primeurs, de plantes d'ornement, et enfin le Jardin d'hiver élevé d'après les dessins de MM. Questel et Guillaume, architectes du gouvernement, et qui contient un remarquable assemblage de richesses végétales exotiques. Nous reproduisons plus loin la vue du rocher de ce jardin vitré et des végétaux qui le couvrent.

Avant de poursuivre notre description, nous renvoyons le lecteur à la figure 1, qui donne, à vol d'oiseau, la vue du *Carré des serres*. Nous supposons le spectateur placé à l'extrémité est de ce carré long, dont le fond est limité par le mur des salles d'étude, avec ses grandes baies arrondies et ses surfaces pleines occupées par des Vignes en cordons verticaux et arqués, portant des coursonnes unilatérales (fig. 3). Au premier plan sont les serres à multiplication et à sevrage, dont on peut, sur le dessin, compter six rangées parallèles ; à leur droite, la culture des primeurs ; en avant, trois grandes serres : deux à Vignes et une à Pêchers, ayant à leur gauche cinq rangs de bâches à Fraisiers, dont un autre rang borde la pelouse. Plus loin, les huit serres tempérées, disposées comme nous l'avons indiqué ; au fond, les bâtiments de l'École. Enfin, tout à fait à droite, le long de la rue du Potager, la serre à Pêchers, à laquelle fait suite la grande serre tempérée dont on voit se détacher le dôme.

Le tout a été désigné sous le nom général de « Carré des serres », et sa surface est de 6,100 mètres carrés.

En reprenant la promenade, nous trouvons que l'angle formé par les rues du Potager et de Satory est occupé par : six rangs de bâches à Melons ; 828 mètres carrés de cultures d'Asperges, et 730 mètres de Fraisiers en plein air.

Si le visiteur se dirige vers la droite, pour suivre le jardin dans le sens de la rue de Satory, il arrive, après avoir descendu un escalier de quelques marches, dans le vaste carré des arbres fruitiers en contre-espalier. Il faut avoir vu en

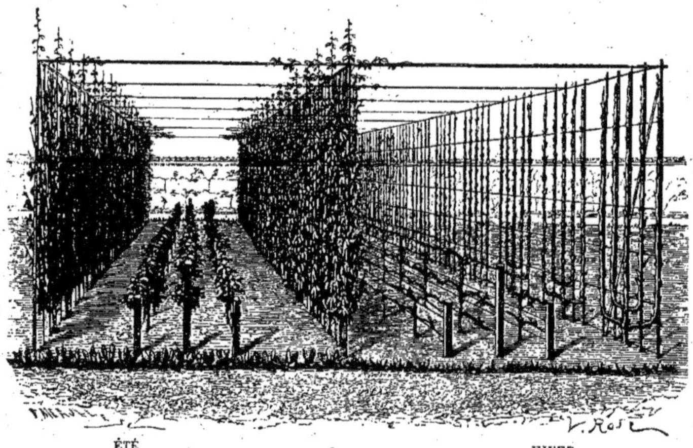

Fig. 4. — Poiriers en palmettes verticales.

pleine floraison ou en fruits ces plantations rectilignes pour avoir la notion exacte de l'admirable effet qu'elles produisent. Nous essaierons de donner, à ceux de nos lecteurs qui n'ont pas encore eu l'occasion de le visiter, une idée du jardin fruitier de Versailles, en leur mettant sous les yeux une vue prise dans ce champ divisé en trois parties par deux murs de refend, et qui occupe une étendue de 9,600 mètres carrés (fig. 4). Elle représente des contre-espaliers de Poiriers appartenant aux variétés les plus productives, telles que *Louise bonne d'Avranches*, *Beurré Diel*, *Duchesse d'Angoulême*, etc. Dans l'espace compris entre les contre-espaliers trouvent place trois cordons doubles et simples de Poiriers et de Pommiers.

En quittant le jardin fruitier, on arrive, après avoir traversé 2,000 mètres carrés de culture potagère, à la partie la plus retirée des jardins de l'École. Isolé des autres, ce carré de 12,250 mètres ne se rattache à la partie principale que par un seul côté. Il renferme une très belle collection d'arbres fruitiers en pyramide, des végétaux ligneux d'ornement de plein air, les plantes vivaces et annuelles, les Conifères et l'École de botanique.

Revenons dans la partie principale du jardin, où l'on [...]
d'arbres fruitiers qu'on a soumis à diverses formes, et en [...]
direction parallèle à la rue du Potager, nous rencontrons [...]
magnifique berceau de Pommiers (fig. 5), des arbres fruitiers [...]
formes les plus variées, des collections de Rosiers, de plantes de
bruyère et un spécimen de pépinière de végétaux d'ornement. [...]
a reçu de nombreux arbres et arbustes, et constitue déjà un [...]
important qui ne fera que gagner d'année en année.

Fig. 5. — Pommiers en berceau.

Le terrain diamétralement opposé à la rue de Satory est occupé [...]
nombreuses rangées de contre-espaliers doubles pour former [...]
d'arbres fruitiers. On y rencontre des châssis d'élevage, puis un par[...]
française qui ramène le visiteur devant les bâtiments de l'École dont [...]
de côté, aux parties pleines du rez-de-chaussée, est garni d'espaliers [...]
mettes verticales du meilleur effet.

Au centre de cette luxuriante végétation, on a réservé un [...]
24,500 mètres d'étendue, dont les trois quarts servent à la cultu[...]
gère, le reste contenant des pépinières d'arbres fruitiers. Un bass[...]
26 mètres de diamètre, où sont cultivés les végétaux aquatiques, en [...]

le milieu. Comme la presque totalité des enclos, celui-ci est en contre-bas des allées qui l'entourent. On y accède par deux larges perrons, dont l'un est surmonté de la statue en bronze de La Quintinye. Le grand horticulteur est représenté debout, regardant le Potager, et tenant une branche d'arbre dans la main gauche.

On ne saurait trop admirer la belle ordonnance de ce jardin pris dans son ensemble et de la partie nommée « le Grand-Carré », en particulier. Ce vaste jardin est entouré de magnifiques terrasses excédant de 2 mètres le sol sur lequel sont établies les cultures. Cette ingénieuse disposition offre un bel aspect et procure en outre aux arbres un abri favorable ; leur floraison et leur fructification en sont mieux assurées. Le Potager étant à une altitude de 125^{m}71, exposé aux vents d'ouest, toujours assez violents, il se trouve donc, par suite même de cette disposition, en grande partie protégé contre les inconvénients inhérents à sa situation.

Tel est le champ d'expériences où l'instruction pratique est distribuée aux élèves. Quoique étendu et varié, il est encore insuffisant, et la Direction doit suppléer à son exiguité relative en s'ingéniant à rendre la culture aussi intensive que possible.

III. — Distribution intérieure de l'École.

Si nous pénétrons maintenant dans les bâtiments de l'École, où ont lieu les cours dont nous donnerons plus loin le libellé succinct, nous trouverons successivement :

1° Les salles d'étude et de démonstration, meublées d'une manière simple, mais suffisante, et qui ont été installées dans l'ancienne Orangerie de La Quintinye. Dans ces locaux spacieux et bien disposés, où l'air et la lumière entrent par de larges fenêtres, ont été placées, dans des cadres qui garnissent tous les murs, les belles planches des albums Vilmorin, ainsi que celles du *Pinetum britannicum* de Lawson. Les élèves ont ainsi constamment sous les yeux les divers types de fleurs, de plantes bulbeuses, de légumes, de Graminées et de Conifères.

2° Un musée d'histoire naturelle renferme une collection de près de 800 fruits moulés, extrêmement remarquable, exécutée par feu Buchetet, artiste d'un talent universellement apprécié. Tous ces fruits : Abricots, Brugnons, Cerises, Figues, Oranges, Pêches, Poires, Pommes et Prunes, sont étiquetés avec soin. Ils sont classés méthodiquement, pour chaque espèce ou variété, en première, deuxième ou troisième qualité, et en même temps selon l'époque de maturité.

Un herbier formé par Jacques, l'un des auteurs du *Manuel général des plantes*, et lui ayant appartenu, a été donné à l'École par M. A. Hardy, qui le tenait de son père, ami de Jacques. Il permet, aidé d'un magnifique herbier de plantes d'Algérie, de compléter les connaissances botaniques des élèves. Deux autres herbiers, qu'il y aurait intérêt à propager dans les établissements d'enseignement, sont mis également à leur disposition : l'un est un herbier entomologique montrant les dégâts causés aux végétaux par les insectes qui les attaquent ; l'autre donne l'aspect des différentes maladies produites sur les plantes cultivées par les Champignons parasites.

Des collections des principaux animaux, oiseaux indigènes, insectes, portant une étiquette qui fait immédiatement reconnaître s'ils sont utiles ou nuisibles, prêtent à cette partie des locaux un intérêt considérable.

3° La salle de dessin a été également l'objet d'une installation spéciale. Pendant la première année de leur séjour à l'École, les élèves s'exercent au dessin des fleurs, des plantes, des instruments, etc. ; pendant la seconde, au tracé des figures géométriques, puis des serres et des constructions diverses ; enfin, la troisième année est consacrée au tracé et au lavis des plans de jardins et de parcs.

Toutes ces salles sont desservies par une longue galerie, dans laquelle on a eu l'ingénieuse idée de placer des vitrines tout le long des murs. D'un côté sont les graines de plantes alimentaires, de plantes industrielles, de fleurs, de gazons, d'arbres et arbustes, données en grande partie par la maison Vilmorin, ainsi que des graines de plantes d'Algérie, d'Égypte, d'Italie, de la République Argentine, de la Chine, de la Cochinchine, etc. ; elles sont mises dans des bocaux soigneusement étiquetés et bien exposés à la vue. De l'autre côté, une nombreuse collection bien choisie montre des bois sous divers aspects. Une section oblique sur la moitié de l'épaisseur de chaque morceau met à nu les couches ligneuses et laisse apprécier le mode de croissance ; la section vue de face est vernie sur la moitié supérieure de la hauteur afin de bien faire ressortir le grain et les veines propres à chacune des essences. En outre, tous les échantillons sont accompagnés d'un morceau rond, qui a l'avantage de présenter le bois sous son aspect extérieur, et d'apprendre à le reconnaître à la simple inspection de l'écorce.

IV. — Cultures potagères.

Les cultures potagères, tant de primeur que de plein air, prennent à elles seules presque la moitié de cet immense jardin. Elles occupent, en dehors de certaines parties spécialement destinées aux espèces particulières, telles que la pépinière, l'élevage des semis, les serres, les châssis et les cultures fruitières, les trois quarts du grand enclos central à l'entrée duquel s'élève la statue de La Quintinye, et conservent au Potager de Versailles la réputation que cet éminent horticulteur lui a si laborieusement acquise.

A Versailles, les plantes légumières sont cultivées au double point de vue de leur utilité quotidienne dans l'alimentation générale et des variétés nouvelles continuellement introduites. Des expériences sont faites et se poursuivent au fur et à mesure de l'apparition de ces nouveautés. En les étudiant sous le double rapport de leur rusticité et de leur fertilité, les élèves parviennent à distinguer parmi elles les variétés qu'il y a avantage à répandre dans les différents genres de culture : potagers de maisons particulières, jardins de ferme, petite culture agraire, où ils peuvent avoir plus tard à les introduire. Ils arrivent ainsi, tout en tenant compte de la nature du sol sur lequel ils opéreront et du climat qui le régit, à se faire une idée exacte de la qualité et des dispositions des variétés et des races, et à fixer alors leur choix d'une façon judicieuse et profitable.

Les cultures légumières servent encore de démonstration pour le traitement des porte-graines, qui sont pris exclusivement parmi les meilleures variétés et les sujets les plus francs.

Nous citerons les principales d'entre elles : Artichauts, Asperges, Aubergines, Betteraves, Cardons, Céleris, Céleri-Rave, Champignons, Chervis, Chicorées diverses, Chicorée sauvage, Chicorée Witloof, Choux de diverses espèces, Choux-fleurs, Choux brocolis, Concombres, Crambé maritime, Stachys ou Crosne de Chine, Échalote, Épinards, Fenouil, Fèves, Ficoïde glaciale, Fraisiers, Haricots, Houblon, Igname de Chine, Laitues et Laitues romaines variées, Mâche, Macre, Maïs, Melons, Navets, Ognons, Oseille, Oxalide crénelée, Panais, Patate, Patience, Piments, Pissenlit, Poireaux, Poirée, Pois, Pommes de terre, Pourpier, Radis, Raifort, Raiponce, Rhubarbe, Salsifis et Scorsonères, Scolyme, Soja, Tétragone cornue, Tomates et toutes les plantes condimentaires comme Persil, Cerfeuil, Ciboule, Ail, Civette, Estragon, Pimprenelle, etc.

V. — Cultures fruitières.

Cruellement atteintes par le grand hiver de 1879-1880, les magnifiques collections fruitières de l'École ont vu disparaître plusieurs de leurs variétés ; bon nombre de celles que la gelée avait attaquées et détruites n'ont pas été renouvelées. Celles jugées médiocres ont été remplacées par de meilleures ; pour certaines espèces ou variétés, les plus généralement estimées, on s'est borné à n'en conserver qu'un nombre fort restreint.

Il ne faudrait pourtant point en déduire que la Pomologie, cette partie de la science des arbres fruitiers si développée en France, est en défaveur à l'établissement de Versailles. Si, comme on le verra plus loin, des cultures fruitières, particulièrement de primeur, ont été transformées ou seulement diminuées, c'est que, dans une école de l'importance de celle dont nous nous entretenons en ce moment, le but principal, — nous pourrions dire le seul but, — est l'*instruction pratique* des élèves, et que les moyens de l'obtenir ne doivent abandonner la priorité qui leur est due devant aucune considération, quelle qu'elle soit. Aussi, l'intelligente direction de l'École nationale d'Horticulture n'a-t-elle pas craint de sacrifier des cultures productives à d'autres d'un intérêt autrement grand, au point de vue du développement rapide et pratique de l'instruction arboricole et pomologique.

Nos lecteurs pourront d'ailleurs facilement en juger par la répartition

que nous donnons ci-après des 1,200 variétés fruitières que possède l'École
de Versailles :

Poiriers.	558 variétés.	Cerisiers.	11	variétés.
Pommiers	340 —	Framboisiers	8	—
Pêchers.	125 —	Figuiers	5	—
Vignes	64 —	Noyers	3	—
Pruniers.	25 —	Cognassiers	2	—
Groseilliers à Maquereau. .	20 —	Amandiers.	2	—
Groseilliers à grappes . . .	18 —	Néflier	1	—
Abricotiers.	16 —			

Cette courte énumération n'est-elle pas éloquente et ne suffit-elle pas à
démontrer que l'étude de la Pomologie n'est pas négligée à Versailles, et

Fig. 6. — Espalier de Poiriers en palmettes, et plate-bande à trois rangs de Pommiers
en cordons étagés.

qu'on peut facilement y acquérir la connaissance des qualités de chaque
fruit et du mode de végétation particulier à chaque arbre?

Il est du reste indispensable à l'élève qui aura à propager, soit aux
champs, soit dans des plantations grandes ou petites, les bienfaits de la
science qu'on lui aura inculquée, de savoir discerner les variétés qu'il
conviendra d'y cultiver, tant pour la consommation particulière que pour
l'alimentation générale.

Les formes auxquelles les arbres fruitiers sont soumis sont de deux
sortes : les formes usuelles et les formes de fantaisie. Celles-ci servent à
prouver qu'un jardinier peut faire ce qu'il veut d'un arbre, pour peu qu'il
connaisse la marche de sa végétation.

Quant aux formes usuelles, elles comprennent : pour le Poirier, la pyramide ou cône, la pyramide à ailes, la pyramide à branches arquées, le fuseau, les palmettes à branches horizontales à plusieurs étages, et celles en contre-espalier, les palmettes à branches verticales (fig. 6), depuis celles qui n'ont que deux branches jusqu'à celles qui en comptent dix ; les formes dites Verrier, Cossonnet, le cordon unilatéral et le cordon bilatéral, ainsi que des arbres à haute tige ou de plein vent. Le Pommier est conduit sous les mêmes formes palissées que le Poirier, et il y a également, parmi les formes naines : le vase ou gobelet, les cordons horizontaux à un ou plusieurs étages (fig. 6), soit unilatéraux, soit bilatéraux, et le contre-espalier en V formant, par l'entrecroisement des branches, une sorte de haie en losange (fig. 7).

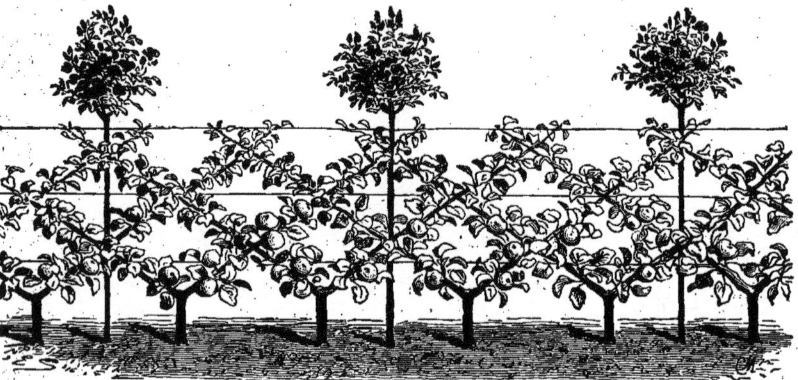

Fig. 7. — Contre-espalier de Pommiers et Rosiers en palissade.

Le Pêcher est dirigé suivant des dessins variés. On le trouve, à l'École de Versailles, en palmette simple ou double à branches horizontales ou verticales, en carré, en candélabre, en U simple, en U double, en serpenteau, en oblique, en palmette Verrier, et même en Cossonnet, bien que cette dernière forme n'ait été jusqu'à présent appliquée qu'au Poirier et au Pommier.

La Vigne est tenue en palmettes simples et en palmettes alternes. Des espaliers à la Thomery garnissent de grands murs et quelques cordons sont élevés en contre-espalier à branches inclinées, d'après le système préconisé par le docteur Guyot, avec taille à long bois et production bisannuelle.

Les formes adoptées pour les autres espèces et variétés fruitières sont celles qui conviennent le mieux à leur nature et à leur mode de végéter.

Un fruitier sert à recevoir et à conserver les fruits, dont la vente a lieu au fur et à mesure de leur maturité et se prolonge souvent jusqu'en avril et mai.

VI. — Cultures forcées.

Les cultures forcées, déjà si remarquables, de l'ancien Potager, ont pris un développement croissant à l'École de Versailles. Les fruits de choix et les légumes de primeur les plus variés y sont amenés à bien, et récoltés longtemps avant l'époque normale de leur végétation et de leur maturité.

Outre les Melons, les Asperges, les Haricots, les Carottes, etc., qui se rattachent plus particulièrement à la culture potagère, les Fraisiers sont forcés sur une très grande échelle. La figure 8 donne, en coupe, la disposition de deux types de bâches fixes qui sont employées pour ce genre de

Fig. 8. — Bâches fixes pour la culture forcée.

culture. L'une d'elles, dans laquelle on a installé un gradin, est destinée à recevoir des Fraisiers ou des Haricots en pots ; l'autre peut être l'objet de diverses affectations et contenir, soit des Pêchers ou des Vignes dirigés en formes basses, soit des arbres et arbustes fruitiers en pots : Vignes, Cerisiers, Pêchers, Pruniers, Figuiers, Framboisiers, etc. Ainsi qu'on le verra plus loin, sous le titre « Serres à forcer », un certain nombre de serres sont spécialement consacrées à la culture des arbres fruitiers sous verre.

Les Ananas, qui ont eu pour berceau, en France, le Potager de Versailles, et n'ont jamais cessé d'y être cultivés depuis leur introduction, ne remplissent pas moins de quatre serres. La terre de bruyère qu'on y employait autrefois a été remplacée par de la mousse. Les plantes se trouvent fort bien de cette substitution ; elles fournissent une récolte presque ininterrompue de fruits magnifiques appartenant à toutes les variétés cultivées, depuis celle de Cayenne à feuilles lisses jusqu'au volumineux *Ananas bracamorensis*, que j'ai introduit en 1877 du Pérou, et envoyé à un horticulteur belge qui l'a répandu dans les cultures. Plusieurs de ces fruits ont dépassé 9 livres ; à Jaen de Bracamoros, on en a mangé qui atteignaient 23 livres.

VII. — Floriculture.

La culture des fleurs n'est pas traitée à l'École d'horticulture avec moins de soins que les cultures potagères et fruitières.

Les plantes vivaces, annuelles, bulbeuses, aquatiques même, parmi lesquelles on trouve des éléments pour l'ornementation prolongée des jardins, forment un assemblage très-intéressant. Les plus jolies espèces n'offrent-elles pas un choix d'innombrables variétés qui peuvent donner une floraison constante depuis le premier printemps jusqu'à l'arrière-saison ?

Les plantes de terre de bruyère : Rhododendrons, Kalmias, Azalées, Andromèdes, Itéas, Cléthras, Bruyères, etc., y sont cultivées avec éclat et remplissent, à elles seules, tout un carré.

Enfin, les Rosiers, cet ornement principal des jardins de la France, devaient être cultivés à Versailles avec tous les soins que demandent la délicatesse et la beauté de ces arbustes. Le jardin fleuriste de plein air comprend une magnifique collection de ce genre ; huit cents variétés, choisies parmi les meilleures et se rattachant aux divers groupes du genre Rosier, y sont réunies et forment une collection admirable.

Est-il besoin de dire qu'il ne pouvait en être autrement, si l'on se rappelle que M. Hardy père a été, parmi les horticulteurs français, un des premiers à donner une véritable impulsion à la culture du Rosier ? Les variétés de semis autrefois obtenues par lui, ainsi que la magnifique et très-nombreuse collection réunie par ses soins au jardin du Luxembourg, ont heureusement influé sur l'esprit de M. A. Hardy. Celui-ci conserve pour cette plante, belle entre toutes, la passion qu'avait pour elle son père.

VIII. — Arboriculture d'ornement.

Une place de choix doit être réservée à l'arboriculture d'ornement, qui joue aujourd'hui un rôle si important dans les jardins et dans les parcs. L'École de Versailles en poursuit l'enseignement pratique au moyen d'un *Arboretum* de près d'un hectare d'étendue. Vraiment remarquable par le choix ainsi que par le nombre des espèces et des variétés d'arbres et d'arbustes de plein air, cette partie de la dendrologie aurait besoin d'une extension considérable afin de pouvoir procurer aux élèves toutes les connaissances nécessaires pour l'emploi des individus qu'elle renferme. L'étude approfondie et complète des diverses essences à feuilles caduques et à feuillage persistant est, en effet, absolument nécessaire aux jeunes horticulteurs pour la mise en place des espèces diverses et le parti à en tirer dans une plantation bien entendue.

L'utilité d'une telle collection, — dont l'étiquetage doit être irréprochable, — est d'autant plus grande que les moyens d'étude sont plus rares dans notre pays en matière d'arbres et d'arbustes d'ornement. Le Muséum de Paris dispose d'un espace trop restreint ; l'École d'arbres d'alignement de Vincennes s'applique surtout aux grands végétaux ligneux destinés aux voies publiques ; l'*Arboretum* de Segrez a perdu son organisateur, M. A. Lavallée, et il est d'ailleurs situé dans une propriété privée, non ouverte au public. Où trouver une réunion d'arbres et d'arbustes d'ornement plus facile à consulter que celle de l'École de Versailles, si elle se complète chaque année par les espèces qui lui manquent et si sa nomenclature est correcte, sa culture bien comprise ?

Cette collection est d'autant plus précieuse qu'une grande partie des magnifiques spécimens d'arbres d'origine étrangère, plantés à Trianon dans la seconde moitié du siècle dernier par Claude Richard et par Antoine Richard, son fils, a été détruite par le froid de l'hiver 1879-1880. Combien d'arbres et d'arbustes qui figuraient à l'inventaire de ces richesses végétales, dressé par le comte Jaubert en 1876, ont disparu, au grand regret des dendrologistes !

La collection de Versailles contient aujourd'hui :

525 espèces d'arbres et arbrisseaux à feuilles caduques ;

250 espèces d'arbustes à feuilles caduques ;

125 espèces d'arbustes à feuilles persistantes ;

50 espèces d'arbustes sarmenteux et grimpants.

Ce total, comprenant 950 espèces, est déjà éloquent, et nous espérons qu'il s'augmentera très-rapidement.

IX. — Jardin d'hiver.

La culture des plantes d'ornement de serres tient une grande place dans l'enseignement pratique. Il n'est pas aujourd'hui de propriétaire ou d'amateur qui, possédant une serre, ne tienne à y voir, en hiver, des végétaux décoratifs comme les Palmiers, les Cycadées, les Fougères, etc. Lorsqu'au dehors souffle la bise, que la neige obstrue les chemins et couvre les toits, quoi de plus charmant que de pouvoir à son aise contempler la luxuriante, l'immuable verdure de ces Palmiers gigantesques ou gracieux dont la mode s'est si vite répandue, et qui, en plein hiver, font d'une serre un coin de jardin tropical !

L'École de Versailles possède, pour développer l'étude de ces belles plantes, un Jardin d'hiver (fig. 9), d'une longueur de 48 mètres, où les meilleures d'entre elles sont abritées. Les proportions de ce jardin sont telles que des espèces et des variétés relativement hautes peuvent y vivre et y croître à leur aise ; il mesure en effet 9 mètres de hauteur sur 10 mètres de largeur.

Nous y avons relevé, au passage, les espèces suivantes :

Pour les Palmiers :

Les *Areca Baueri*, *A. sapida*, *A. rubra*, *A. aurea*, aux belles feuilles pennées ; les frondes épineuses des *Astrocaryum Murumuru*, *A. mexicanum* ; les curieuses folioles rongées, « prémorses », des *Caryota urens*, *C. sobolifera* et *C. elegans* ; les singulières épines caulinaires, ramifiées, du *Chamœrops stauracantha*. Le majestueux *Cocos flexuosa*, du Brésil austral, et le *C. Weddelliana*, de l'Amazone, le pygmée du genre, étalent l'un près de l'autre leurs folioles légères ; d'Australie sont venus les

Corypha australis, les *Kentia Belmoreana* et *K. Forsteriana*. Le Palmier des salons par excellence est encore le *Latania borbonica* (*Livistona chinensis*). On voit plus loin une espèce plus rustique, qui passerait presque l'hiver

Fig. 9. — Vue pittoresque du grand rocher dans le Jardin d'hiver.

dehors sous le climat de Paris; c'est le Cocotier du Chili : *Jubæa spectabilis*.

Puis vient la belle tribu des Dattiers : *Phœnix canariensis*, *P. reclinata*, *P. rupicola*, *P. spinosa*, etc.

Le Japon nous a envoyé une espèce robuste de serre froide, le *Rhapis flabelliformis*.

Enfin, nous avons reconnu de très-beaux exemplaires du *Seaforthia elegans*, d'Australie, du *Sabal Adansoni*, de la Louisiane, du *Thrinax argentea* et autres espèces des Antilles, très-élégantes et en très-bonne santé, etc.

Les Fougères sont représentées par :

Asplenium Nidus avis, *Balantium antarcticum*, espèce arborescente monumentale ; *Blechnum brasiliense*, facile à cultiver ; *Cyathea australis*, *C. dealbata*, *C. medullaris*, *Cibotium princeps*, *C. Schiedei*, également classées dans les plus belles Fougères en arbre.

Parmi les plus belles plantes à feuillage ornemental, on pourrait noter :

Astrapea Wallichi,	*F. Cooperi*,	*Phrynium Lubbersii*,
Bœhmeria argentea,	*F. elastica*,	*Pandanus utilis*,
Canna liliiflora,	*F. nitida*,	*P. javanicus fol. var.*,
Coffea arabica,	*F. religiosa*,	*P. Veitchi*,
Dracæna indivisa,	*F. Roxburghii*,	*P. furcatus*,
D. cannæfolia,	*Heliconia farinosa*,	*Strelitzia augusta*,
D. Draco,	*Jacaranda mimosæfolia*,	*S. Nicolai*,
D. Rumphii,	*Maranta zebrina*,	*S. juncea*,
D. umbraculifera,	*Musa rosacea*,	*S. reginæ*,
Globba nutans,	*M. Ensete*,	*Cycas revoluta*,
Ficus Bonneti,	*M. vittata*,	*Zamia horrida*, etc.

La description de ces plantes ou même une indication sommaire de leur patrie, de leur histoire et de leurs qualités, ne peut prendre place ici ; il suffit de montrer au lecteur qu'un choix judicieusement fait permet aux élèves non seulement de se familiariser avec la flore intertropicale, mais encore de s'initier à la culture des principales espèces qui peuvent vivre facilement dans le même local vitré.

Indépendamment de cette collection de belles plantes à feuillage, on peut noter encore de nombreuses plantes à fleurs, choisies dans les bonnes espèces de serre froide ou tempérée, et destinées à relever par quelques touches éclatantes l'uniformité d'aspect des feuillages toujours verts.

X. — Serres de culture.

A. PLANTES D'ORNEMENT. — Les plantes ornementales, indépendamment du jardin dont nous venons de parler, remplissent encore, mais cette fois en espèces et en échantillons d'un développement moindre, une autre grande serre de 80 mètres de long avec pavillon central, et quatre autres serres qui étaient autrefois consacrées à la culture productive des Ananas. La suppression partielle de cette dernière culture a été, comme nous le faisions remarquer plus haut, un véritable sacrifice accompli dans le seul intérêt des élèves et pour donner au caractère particulièrement pratique de l'École un développement plus considérable.

Une collection d'Orchidées exotiques, de ces magnifiques « fleurs de l'air » qui deviennent de plus en plus à la mode, a été commencée récemment, et, quoique peu importante encore, elle fait de jour en jour, par l'adjonction des espèces plus belles, de notables progrès.

Parmi les Orchidées de serre chaude, nous nous contenterons de citer les genres :

Angræcum,	*Calanthe,*	*Lælia,*	*Phalænopsis,*
Aerides,	*Cymbidium,*	*Miltonia,*	*Saccolabium,*
Brassia,	*Cypripedium,*	*Oncidium,*	*Stanhopea,*
Cattleya,	*Dendrobium,*	*Odontoglossum,*	*Vanda,*
Cœlogyne,	*Epidendrum,*	*Phajus,*	*Zygopetalum,* etc.

Fig. 10. — Grande serre des Vignes forcées, en collection. — Vue perspective.

Parmi les Orchidées de serre froide, nous avons remarqué les genres :

Cattleya,	*Epidendrum,*	*Lycaste,*	*Odontoglossum,*
Cypripedium,	*Lælia,*	*Masdevallia,*	*Oncidium,* etc.

Une collection de Broméliacées, choisies parmi les meilleures, est également commencée ; elle comprend, entre autres plantes, les genres :

Ananas,	*Billbergia,*	*Nidularium,*	*Tillandsia,*
Æchmea,	*Caraguata,*	*Portea,*	*Pitcairnia,* etc.

B. Serres a forcer. — Des serres à forcer les Vignes et les Pêchers complètent le bel ensemble des surfaces vitrées de grandes dimensions de ce vaste établissement. On y cultive, parmi les variétés les meilleures et les plus productives qui constituent le fonds de la collection, quelques variétés rares, peu rémunératrices sans doute au point de vue de la production, mais d'un intérêt supérieur en ce qui concerne le côté instructif de leur culture. Ces serres renferment une remarquable collection de variétés de Vignes produisant des Raisins à gros fruits, parmi lesquelles ils s'en trouve de tardives et même quelques-unes de peu fertiles, mais très-estimées des amateurs, tant français qu'étrangers. C'est dire qu'ici encore la principale préoccupation qui a présidé au choix des espèces et variétés a été surtout l'accroissement des facilités d'étude pratique.

Il peut être instructif de relater les dimensions de quelques-unes de ces serres.

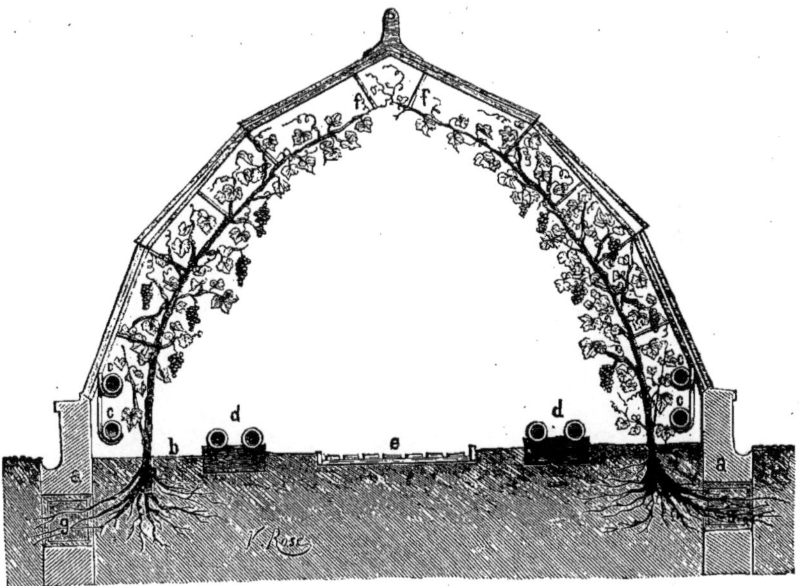

Fig. 11. — Coupe de l'une des serres à Vignes forcées.

a, Coupe du mur d'appui. — b, Plate-bande plantée de Vignes. — c, Deux cours de tuyaux de chauffage suspendus.
d, Tuyaux reposant sur le sol. — e, Plancher de l'allée centrale.
f, Armature en fer pour palissage des Vignes. — g, Ouvertures dans le mur souterrain pour le passage des racines.

L'une d'elles (fig. 10), longue de 26 mètres, large de 5m 50, haute de 3m 40, produit, chaque année, de 350 à 360 kilogrammes d'excellent Raisin. Cette serre offre un superbe spectacle lorsqu'elle est couverte de fruits mûrs, pendant au-dessus de la tête des visiteurs, avec leur belle couleur violette ou ambrée.

Une autre serre (fig. 11), montre les détails de construction, avec les supports qui éloignent du vitrage les cours de fils de fer auxquels sont suspendus les ceps de Vigne. Nous avons également figuré la coupe des murs d'appui avec la rigole d'écoulement des eaux de pluie, qui sont recueillies dans des citernes, et la disposition des tuyaux, soit suspendus latéralement, soit couchés sur le sol. Si l'on n'avait en vue que la grande production pour la vente, les variétés de Vignes cultivées dans ces serres seraient peu nombreuses et choisies principalement parmi les *Frankenthal*

(*Black Hamburgh* des Anglais), *Muscat d'Alexandrie, Muscat Hamburgh, Lady Downe*, etc. Mais ne perdons pas de vue que nous avons affaire à une École, c'est-à-dire à des cultures comparatives. Aussi nous avons noté les variétés suivantes parmi celles à fruit noir :

Sainte-Marie,	*Mill Hill Hamburgh,*	*Boudalès,*
Gros-Guillaume,	*Trentham black,*	*Rumonya,*
Mistress Pince's black Muscat,	*Lady Downe's Seedling,*	*Long d'Espagne.*
	Black Alicante,	

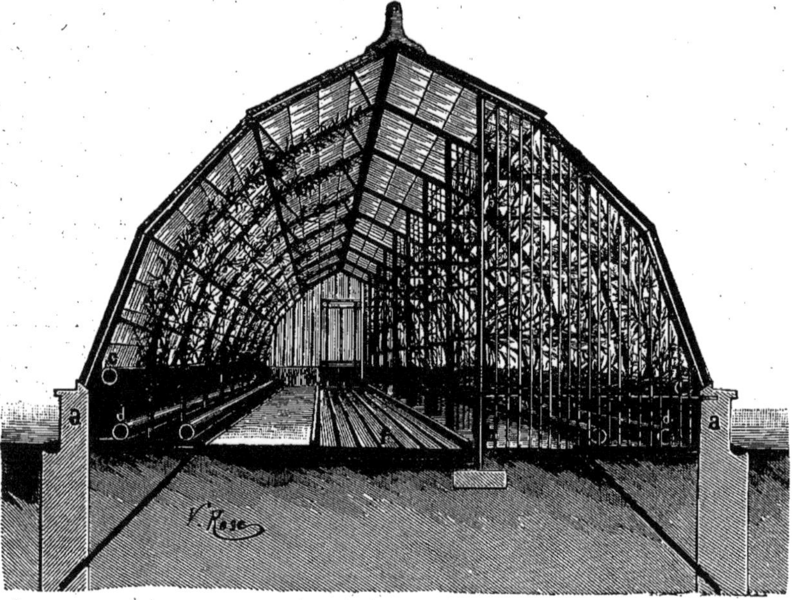

Fig. 12. — Serre à Pêchers, avec palmettes unilatérales en refend.

a, Coupe du mur d'appui. — *b*, Montants en fer scellés dans le sol, pour les palmettes. — *c*, Tuyaux supérieurs. *d*, Tuyaux inférieurs. — *f*, Plancher de l'allée centrale.

Parmi les variétés à fruit blanc ou rose :

Forster's Seedling,	*Golden Hamburgh,*	*Valencia,*
Muscat d'Alexandrie,	*Docteur Hogg,*	*Schaous,*
Muscat Bowood,	*Syrian,*	*Grec rose,*
Muscat Escholata,	*Gradiska,*	*Balkan rose,* etc.

Les serres à Pêchers ne sont pas moins intéressantes. L'une d'elles (fig. 12) mesure 31 mètres de longueur sur 5^m 50 de largeur et 3^m 40 de hauteur. Elle présente cette particularité d'avoir à la fois des arbres palissés près du vitrage, et d'autres, pour augmenter l'espace utilisable, disposés en demi-palmettes plantées le long de l'allée centrale et disposées en refends formant avec elle des angles droits. On obtient ainsi une quantité considérable de fruits. Le produit de l'année dernière a été de 5,400 Pêches de première et de seconde saison, admirablement forcées et mûres à la perfection. Les meilleures variétés et les plus nouvelles y sont essayées comparativement.

XI. — Pépinière.

Un tiers d'hectare environ est occupé par un petit spécimen de pépinière, comme nous le disions plus haut. Malgré le peu d'espace qui lui est consacré, il permet néanmoins de donner aux élèves une idée juste de la multiplication et de l'élevage des végétaux ligneux de plein air, et de leur faire pratiquer avantageusement le semis, le greffage, le bouturage et le marcottage des essences les plus répandues, tout en familiarisant ces jeunes gens avec l'usage d'une nomenclature botanique exacte.

Les carrés, séparés entre eux par des sentiers assez larges pour faciliter la circulation, sont destinés chacun à un genre particulier de multiplication. Des abris, formés avec le Thuya du Canada, le Troène à feuilles ovales, le Laurier-Cerise, le Buis commun pyramidal, le Genévrier de Virginie et l'If commun, protègent les semis et les végétaux qui ont besoin d'être soustraits, pendant leur jeunesse, à l'action trop vive du soleil. Cette petite pépinière contient un bon nombre d'espèces dont il y a intérêt à connaître la multiplication et l'élevage.

XII. — École de Botanique.

Comme il est essentiel que les élèves sachent, avant toute autre chose, distinguer les espèces afin d'y rattacher les nombreuses variétés arbustives, légumières ou florales qu'ils rencontreront et seront appelés à traiter, une École de Botanique, comprenant près de 1,900 espèces, a été installée dès le commencement. Sans que l'on perde de vue l'utilité de connaître les espèces sauvages de nos champs, de nos bois et de nos prés, les plantes dont elle a été composée sont principalement celles dont on rencontre le plus communément, dans les cultures diverses, des types transformés par les soins, le goût et l'habileté des horticulteurs.

XIII. — Station météorologique.

L'École d'horticulture possède, en outre, une station météorologique où les élèves font toutes les observations qui présentent un intérêt quelconque en ce qui touche aux conditions essentielles de la végétation.

On sait combien la météorologie a fait de progrès depuis quelques années. Les savantes publications de M. Renou, faites à l'Observatoire de Saint-Maur, les tableaux publiés par M. Ferd. Jamin avec une louable persévérance, indiquent déjà, par leurs résultats, quel secours la méthode expérimentale peut apporter à de jeunes esprits avides de science et de vérité. Ceux-ci porteront au loin les bonnes leçons, combattront la routine, l'empirisme, les préjugés, et deviendront de véritables et précieux instruments de progrès.

Les thermomètres sont à maxima et à minima, indiquant les températures extrêmes de la journée. Un autre thermomètre, dit enregistreur, inscrit à chaque instant les variations que la température de l'atmosphère subit tant le jour que la nuit ; l'anémomètre et les girouettes indiquent la direction du vent, et les baromètres la pesanteur de l'air. L'observation de ces derniers instruments permet, jusqu'à un certain point, au jardinier, de prévoir les changements de temps. Le pluviomètre donne la quantité de pluie tombée.

Les élèves sont tenus de relever à tour de rôle chaque jour, le matin, dans l'après-midi et le soir, les indications fournies par cette série d'instruments. Ils se rendent compte ainsi de la climatologie d'un lieu donné, et sauront appliquer les connaissances qu'ils auront acquises à ce sujet pour déterminer celles des localités dans lesquelles ils seront appelés à cultiver. Toutes les observations sont d'ailleurs transmises au bureau central météorologique de France.

XIV. — Vente des produits.

L'établissement étant un véritable service public, on se demande ce que deviennent les produits. Ils sont vendus au profit de l'État. Mais il ne faut pas oublier que l'École nationale d'horticulture n'est pas et ne saurait devenir un établissement exclusivement commercial ; la compensation, par des recettes fructueuses, des dépenses qu'entraînent son entretien et son développement, n'a qu'une importance secondaire qu'il est cependant bon de faire ressortir.

Récemment on a procédé à l'établissement de petites serres à multiplication et à sevrage. Quoiqu'on s'attache à y multiplier pour la vente une grande quantité de plantes, il ne faudrait pas voir là une prépondérance, au point de vue général, des intérêts pécuniaires sur les intérêts purement instructifs. L'idée de tirer quelques revenus de ces richesses est bonne et surtout logique ; on ne peut rien trouver que de normal dans sa mise à exécution, mais il ne convient pas de voir dans l'École de Versailles autre chose qu'une institution d'enseignement pratique entretenue par l'État.

CHAPITRE III

ENSEIGNEMENT, PROFESSEURS ET ÉLÈVES

I. — Cours et Instruction pratique.

L'enseignement a été confié à des professeurs choisis parmi des spécialistes distingués ; des cours spéciaux complètent l'instruction primaire des élèves ; tous les autres cours se rapportent exclusivement aux choses de l'horticulture.

Le programme comporte les matières suivantes :

1. — *Arboriculture fruitière* : M. A. Hardy, directeur de l'École, professeur.
2. — *Pépinière fruitière* : M. F. Jamin, professeur.
3. — *Arboriculture d'ornement et d'alignement* : M. P. Pavard, professeur.
4. — *Culture potagère* : M. A. Hardy, professeur.
5. — *Floriculture* : M. B. Verlot, professeur.
6. — *Botanique* : M. Mussat, professeur.
7. — *Architecture des jardins et des serres* : M. Choisy, professeur.
8. — *Physique terrestre, météorologie, chimie, géologie* : M. Pouriau, professeur.
9. — *Zoologie et entomologie* : M. le docteur Henneguy, professeur.
10. — *Arithmétique* : M. Lafosse, professeur.
11. — *Géométrie* : M. Lafosse, professeur.
12. — *Levé de plans, nivellement* : M. Lafosse, professeur.
13. — *Dessin linéaire, de plantes et d'instruments* : M. Mangeant, professeur.
14. — *Langue française* : M. Lafosse, professeur.
15. — *Comptabilité* : M. Lafosse, professeur.
16. — *Langue anglaise* : M. Legrand, professeur.

On trouvera plus loin le programme détaillé de tous les cours professés à l'École nationale d'horticulture.

En outre, les élèves sont initiés aux exercices militaires sous la direction de sous-officiers instructeurs du 1ᵉʳ régiment du génie.

Pour assurer aux élèves le bénéfice d'un enseignement à la fois théorique et pratique, on a vu, dans la description de l'École, que des collections nombreuses de toutes sortes ont été formées pour servir aux démonstrations faites dans les leçons se rattachant à l'instruction technique.

Quant à l'instruction pratique, manuelle et raisonnée, elle est donnée par le directeur et les jardiniers principaux ; elle s'étend à tous les travaux de jardinage, et les élèves acquièrent par ce moyen les connaissances pratiques et l'habileté manuelle indispensables à leur profession.

Afin de rendre cet enseignement pratique plus facile et plus profitable aux elèves, il a été spécialisé. La culture des arbres fruitiers, celle des primeurs, celle des plantes de serre, la floriculture de plein air et l'arboriculture d'ornement, enfin la culture potagère, forment autant de sections dans lesquelles les élèves passent successivement chaque quinzaine. Ils sont guidés dans leurs travaux journaliers par les chefs de pratique : MM. Rouland, Lemaître, Pavard (Alphonse), Pichot et Dumur.

A l'expiration de chaque quinzaine, les élèves remettent au Directeur une rédaction sur les divers travaux qu'ils ont exécutés et qui comprend tous ceux qu'entraîne le jardinage en général, tels que labour, dressage du terrain, semis, repiquage, rempotage, bouturage, marcottage, greffage, dressage et taille des arbres, entretien du sol (binage, ratissage, sarclage, arrosage, bassinage), chauffage et aération des serres, fabrication de paillassons, treillages, claies, etc., etc. Quelques travaux même de menuiserie, de peinture et de vitrerie sont faits par les élèves. Ils s'habituent ainsi à réparer et à entretenir en bon état une partie du matériel dont les jardiniers se servent constamment pour protéger et conserver leurs plantes.

II. — Excursions à Versailles et dans les environs.

La situation de l'École, dans un des centres les plus importants de l'horticulture française, où sont principalement cultivés les végétaux d'ornement, de pleine terre et de serres, offre d'incontestables avantages aux élèves ; ils peuvent, par des visites aux différents établissements d'horticulture ainsi qu'aux pépinières nationales de Trianon, étudier et comparer les divers procédés en usage.

La Direction de l'École s'est chargée de faciliter ces visites en organisant des excursions fréquentes, qu'elle étend, non seulement à Versailles et aux alentours, mais encore à Paris et à tous ses environs. C'est ainsi que chaque année les élèves sont conduits au Muséum pour les collections botaniques, à Argenteuil pour les aspergeries, à Bougival, à Sceaux, à Fontenay, Chatenay et Bourg-la-Reine pour les pépinières, à Verrières pour les fleurs et les graines, à Thomery pour les Vignes en espalier, et autres localités réputées pour leurs cultures spéciales et perfectionnées. Les grands parcs publics et privés, les promenades de Paris, qui sont restées des modèles de goût appréciés du monde entier, les expositions horticoles de la Société nationale d'horticulture de France, à Paris et celle qui a lieu chaque année à Versailles, reçoivent également des visites agréables et instructives. Les élèves, qui sont accompagnés, dans ces excursions, par des professeurs ou des « chefs de pratique » dont les conseils et les remarques leur sont d'une grande utilité, sont tenus de faire, en rentrant, un rapport sur les cultures, l'exposition et les jardins qui ont fait l'objet de chaque visite.

III — Règlement de l'École, Examens.

L'École est soumise au régime de l'externat. Toutefois, nous ferons observer que la présence des élèves à l'établissement est aussi prolongée que possible. Pendant l'hiver, ils arrivent à six heures du matin et quittent à neuf heures du soir. Pendant l'été, ils doivent répondre à l'appel journalier dès cinq heures du matin, et sont libres le soir à la même heure qu'en hiver.

Pendant la journée, les élèves ont, en hiver, quatre heures d'études, et, en été, deux heures et demie. Les cours et les interrogations prennent également, chaque jour, trois heures en moyenne ; le reste est consacré aux travaux pratiques, sauf deux repos d'une heure et demie chacun, pendant lesquels ils vont au dehors prendre leur repas.

Les vacances proprement dites n'existent pas. Les cours sont toutefois suspendus, pendant les mois d'août et de septembre, afin que les élèves puissent avoir des congés temporaires qu'ils prennent successivement par section, et dont la durée n'excède pas quinze jours. Cette mesure est nécessaire si l'on songe que tous les travaux sont, sans exception, demandés à la main-d'œuvre des élèves.

Un examen général a lieu à la fin de chaque année scolaire ; il sert à établir leur classement. Ceux d'entre eux qui sont reconnus trop faibles pour passer à une division supérieure cessent de faire partie de l'École.

Les élèves qui ont satisfait aux examens de sortie reçoivent, sur la proposition du jury d'examen, un diplôme délivré par le Ministre de l'Agriculture. En outre, les jeunes gens sortis parmi les premiers peuvent obtenir, si le degré de leur instruction et leurs aptitudes justifient cette faveur, un « stage » d'une année dans de grands établissements horticoles de la France ou de l'étranger. Une allocation de 1,200 francs est affectée à chacun de ces stages, dont le nombre ne peut être supérieur à trois par année.

L'excellente mesure du stage produit les meilleurs résultats. Elle est un puissant stimulant pour les élèves en même temps qu'une récompense dont ils tirent, pour compléter leur instruction, le plus grand profit.

IV. — Service de santé.

Une autre mesure, dont nous croyons devoir parler ici, se rapporte au service de santé des élèves.

A leur entrée à l'École, les élèves subissent la visite du médecin de l'établissement, qui, pendant le cours de l'année, leur donne ses soins gratuitement.

A cet effet, le médecin se rend chaque jour à l'École, où les élèves peuvent le consulter. Si l'un d'eux est retenu chez lui par suite de son état de santé, il en fait prévenir le Directeur, qui lui envoie le médecin chargé de le suivre dans sa maladie. C'est là une grande sécurité pour les familles.

V. — Séjours à l'étranger.

Les élèves sortis les premiers de l'École, et qui bénéficient du « stage horticole », c'est-à-dire de l'indemnité de 1,200 francs, accordée par le Ministre de l'Agriculture, en profitent généralement pour aller à l'étranger. Ils choisissent d'ordinaire la Belgique, la Hollande ou l'Angleterre, centres horticoles considérables, et sont le plus souvent placés par l'intermédiaire de la Direction. Ils peuvent ainsi, en augmentant leurs connaissances techniques, se familiariser avec les langues étrangères.

Quelle bonne fortune, pour des jeunes gens avides de s'instruire et déjà bien préparés, que de pouvoir étudier à Gand, en pleine « Cité des fleurs », la grande culture commerciale des plantes d'ornement ; de prendre sur le fait l'élevage des plantes bulbeuses, à Haarlem ; de pénétrer dans ces collections d'Orchidées anglaises qui sont le haut luxe de l'horticulture ; de se former une opinion personnelle sur les spécialités qu'ils ne connaissaient que par les livres ou les rapports des voyageurs !

Un certain nombre de ces jeunes gens sont déjà revenus de ces fructueux voyages, qui n'ont pas peu contribué à leur procurer des fonctions honorables et choisies.

VI. — Résultats acquis. — Avenir de l'École.

Nous avons parcouru les principaux services de l'École nationale d'horticulture. Il n'est pas nécessaire de nous étendre davantage dans cette description un peu longue, bien que sommaire, pour faire comprendre que l'établissement est à la hauteur de la tâche qu'on lui a confiée en l'instituant.

On a compris que, pour faire des professeurs éclairés, des jardiniers instruits et des amateurs compétents, il faut que les cultures conservent un caractère suffisamment instructif, sans négliger toutefois l'élément pratique fermement basé sur la science et l'expérience. Tout a été mis en œuvre pour atteindre ce but, pour donner à notre pays des hommes qui puissent en augmenter la richesse territoriale en luttant efficacement dans nos campagnes contre l'ignorance et la routine, si difficiles à combattre et à déraciner.

Tant de conditions favorables de stabilité et de progrès réunies à l'École d'horticulture de Versailles devaient rapidement porter leurs fruits. Ils ne se sont pas fait attendre.

Depuis son ouverture, l'École a déjà reçu 529 élèves. 73 départements et l'Algérie ont envoyé des jeunes gens chercher à Versailles les éléments nécessaires à la bonne conduite du sol et des végétaux qui y puisent la vie. L'étranger lui-même est représenté : l'Allemagne, l'Angleterre, l'Autriche, la Belgique, l'Égypte, l'Italie, le Japon, le Grand-Duché de Luxembourg, la République Argentine, la Roumanie, la Russie et la Turquie ont fait recevoir des élèves à notre École nationale d'horticulture.

Mais ce n'est pas encore là qu'est la principale preuve de l'excellence de l'enseignement qu'on y professe ; elle réside surtout dans l'examen du tableau que nous donnons ci-après des positions qu'occupent les élèves sortis de l'École, soit en France, soit aux colonies ou à l'étranger.

Positions occupées par les anciens élèves.

1° EN FRANCE ET DANS LES COLONIES.

Muséum d'histoire naturelle de Paris, 8. — 1 surveillant des cultures de plein air ; 1 chef de l'École de Botanique ; 1 chef du fleuriste et des parterres ; 1 chef de la multiplication des plantes ; 1 chef des serres et 1 chef des pépinières ; 2 employés.

Directeurs de Jardins botaniques, 6. — Saint-Pierre (Martinique), Saint-Louis (Sénégal), Libreville (Gabon), Lille, Clermont-Ferrand, Grenoble.

Jardiniers en chef de Villes, 6. — Grenoble, Reims, Roubaix, Toulouse, Lille, Clermont-Ferrand.

Professeurs de Sociétés d'Horticulture, 2. — Compiègne, Reims.

Jardiniers en chef d'Écoles nationales d'Agriculture, 3. — Grignon, Grand-Jouan, et École vétérinaire d'Alfort.

Jardiniers d'Écoles pratiques d'Agriculture, 10. — Coigny, Mathieu de Dombasle, Labrosse, Berthonval, Écully, Rouïba, Chavaignac, Aumale, Pétré, Castelnau-les-Nauzes.

Architectes-paysagistes, 5. — Albi, Toulouse, Chartres, Limoges, Paris.

Horticulteurs ou travaillant dans l'établissement de leur père, 35. — Abbeville, Albi, Ampuis, Argenteuil, Aubenas, Aurillac, Bâle, Brest, Buc, Le Chesnay, Dieppe, Dijon, Dôle, Doulon, Janzé, Louveciennes, Meudon, Montbard, Montigny, Neauphle-le-Château, Pau, Pontivy, Rouen, Rouïba, Sèvres, Saint-Maur, Thomery, Tours, Troyes, Versailles, Yvetot, etc.

Jardiniers dans les jardins de l'État ou de la Ville de Paris, 8. — Meudon, Paris, Saint-Cloud, Trianon.

Les autres élèves sortis de l'École nationale d'horticulture de Versailles sont chefs de cultures d'établissements horticoles, ou jardiniers de propriétés particulières, ou travaillent chez des architectes-paysagistes, horticulteurs, marchands-grainiers, maraîchers, pépiniéristes, commerçants.

2° A L'ÉTRANGER.

Autriche-Hongrie. — *Directeur de l'École d'horticulture*, 1. (Tarnow, Galicie.) — *Jardiniers en chef de propriétés particulières*, 3. (Szénawa, Lancut, Budapest.)

Italie. — *Directeurs d'Écoles d'Horticulture*, 2. (Florence, Alba.) — *Professeurs et chefs de travaux pratiques dans les Écoles d'Agriculture ou d'Horticulture*, 3. (Milan, Florence, Givia Tauro.) — *Commissionnaire en produits horticoles*, 1. (Turin.)

Portugal. — *Professeur et chef de cultures à l'École de Torre-Vedras*, 1.

Russie. — *Architecte-paysagiste*, 1. (Varsovie.)

Palestine.— *Chefs de cultures de colonies agricoles et horticoles*, 5. (Jaffa, Safed, Castinia.)

Indes. — *Chef supérieur des cultures du Maharadjah de Kashmir*, 1. (Srinagar.)

Japon, 2. — *Professeur d'Horticulture*, 1 ; *Horticulteur*, 1. (Tokio.)

Chili, 2. — *Professeur et chef de pratique horticole à l'École de Santiago*, 1 ; *Horticulteur*, 1.

République Argentine. — *Horticulteur*, 1.

Panama. — *Jardiniers botanistes de la Compagnie des travaux du canal interocéanique*, 2.

Uruguay. — *Chef de cultures*, 1 ; *jardinier en chef de Montevideo*, 1.

Roumanie. — *Jardinier en chef de propriété particulière*, 1.

Si l'on veut bien tenir compte du peu d'ancienneté de l'École et conséquemment de la jeunesse relative des hommes qu'elle a formés, on jugera facilement, d'après le tableau qu'on vient de lire, de quelle façon cette institution a su accomplir jusqu'à présent la mission qui lui a été confiée.

Il est toutefois une amélioration qu'il conviendrait d'apporter à l'organisation si judicieuse et si bien raisonnée de notre École de Versailles : c'est l'agrandissement de certaines sections, telles que la Pépinière et l'*Arboretum*, et d'autres parties encore, où le manque de place fait inévitablement négliger des espèces et variétés de plantes qui, pour être moins précieuses, sont cependant intéressantes pour l'étude. On objectera qu'avec les progrès incessants de la culture, un tel programme demanderait une place croissante ; nous nous bornerons à répondre que l'École nationale d'horticulture de France, qui a déjà donné tant de preuves de son utilité, doit être une de nos *Grandes Écoles* et ne rien laisser à désirer.

Néanmoins, telle qu'elle est organisée et dirigée, largement pourvue, cette institution rend d'importants services à l'horticulture en général, et à notre pays en particulier. Les élèves qu'elle forme, en se répandant dans les départements et dans les colonies, propagent les saines méthodes et les bons exemples. Déjà recherchés par les nations étrangères, ils augmenteront encore la renommée de notre horticulture nationale, et justifieront de plus en plus l'idée qui a motivé la création et qui préside au développement de l'École d'horticulture de Versailles.

VII. — Association des anciens élèves.

A peine quelques années s'étaient écoulées, et déjà les élèves sortis de l'École d'horticulture de Versailles occupaient, comme nous l'avons constaté, des emplois disséminés sur de nombreux points de la France et de l'étranger.

Mais ce succès même constituait un danger.

Les liens de bonne confraternité professionnelle, les amitiés contractées à l'École, allaient-ils faire place à l'indifférence dissolvante que produit l'éloignement ? L'absence est la rouille des meilleures relations.

De cette crainte naquit, en 1882, l'Association des anciens élèves de l'École.

L'idée fit rapidement son chemin. Dès la première année, elle eut de nombreux adeptes. Aujourd'hui, cette Société est en pleine prospérité et son programme, essentiellement humanitaire, a déjà reçu des applications heureuses.

Le but de l'Association, dont le siège est à Versailles, est d'établir entre les anciens élèves un centre permanent de relations amicales, de se venir réciproquement en aide par de bons offices, en s'indiquant des emplois ou des positions et en se renseignant sur les cultures, de continuer des relations entre les associés et l'École au moyen d'un échange mutuel de correspondances et de services.

La cotisation, très-modeste, et abaissée encore pour les sociétaires qui sont sous les drapeaux, suffit aux frais de publicité, de bureau et à l'impression d'un bulletin, qui paraît depuis 1885.

Par un sentiment bien naturel de reconnaissance envers M. Hardy, le titre de Président d'honneur lui a été conféré dès la première réunion, et, justement fier de ce titre, le vénéré Directeur a tenu jusqu'à présent à présider le plus souvent possible les séances de l'Association.

M. Lafosse, secrétaire de la Direction et le dévoué collaborateur de M. Hardy, a été élu secrétaire-trésorier perpétuel, et les professeurs de l'École ont été nommés membres honoraires.

En cinq années, les recettes annuelles de l'Association sont montées de 79 à 1.257 francs, constituant ainsi les ressources modestes, mais suffisamment prospères, de son budget.

Un examen sommaire des bulletins publiés jusqu'à présent par l'Association nous a montré que les promesses du début ont été bien tenues. Nous y avons trouvé des indications précises sur les principales situations occupées à l'étranger par les anciens élèves, et souvent des articles émanant de leur initiative et racontant leurs travaux ; des notices nécrologiques sur les sociétaires décédés, indiquant des sentiments élevés de la part des auteurs ; des relations de voyages horticoles dénotant un esprit d'observation souvent remarquable, etc., etc.

Toutes ces études, publiées par le *Bulletin de l'Association des anciens élèves*, et touchant aux sujets horticoles les plus divers, témoignent d'une vive intelligence et d'un grand amour du travail chez leurs auteurs. Plusieurs sont le résultat d'une expérience déjà consommée, et, si toutes ne sont pas frappées au coin d'une maturité complète dans le jugement, résultat qui ne peut être que le fait de praticiens déjà anciens, elles démontrent la solidité de l'enseignement qui leur a donné naissance.

Déjà un certain nombre des membres de l'Association ont obtenu des distinctions flatteuses, soit comme horticulteurs, dans les expositions, soit comme architectes-paysagistes pour leurs plans de jardins, soit comme conférenciers et publicistes horticoles appréciés du public.

Tout récemment, à l'Exposition universelle de 1889, nous avons eu la satisfaction de constater que trois lauréats de la classe 78 avaient conquis vaillamment leurs épaulettes, en obtenant des médailles comme dessinateurs de parcs et jardins.

La mutualité fraternelle, inscrite en tête du programme de cette Association, n'est pas restée lettre morte. S'il nous était permis d'être indiscret, nous citerions plus d'un fait où la bonne camaraderie établie pendant les années passées à l'École s'est transformée en un fraternel appui. Si la phalange des élèves diplômés soutient bien le drapeau de l'École et de l'Association, quelques-uns d'entre eux n'ont pu cependant voir la fortune leur sourire. C'est là que l'Association a porté ses fruits les plus précieux. Des secours matériels, moraux surtout, n'ont point fait défaut aux camarades dans les jours d'épreuve.

C'est donc avec une sympathie très-vive et très-sincère que nous avons applaudi à cette utile fondation. Ces sentiments accompagneront toujours chez nous cette studieuse jeunesse, l'espoir de notre horticulture nationale.

CHAPITRE IV

PROGRAMMES DES COURS PROFESSÉS A L'ÉCOLE D'HORTICULTURE
DE VERSAILLES

Cette étude ne serait pas complète si nous ne mettions pas sous les yeux de nos lecteurs les programmes des cours professés à l'École de Versailles. Nous y ajouterons le nom de chaque professeur chargé de cours à la date où nous écrivons, et l'énumération sommaire des principales matières, traitées avec ce sens pratique qui a tant contribué à la réputation de l'École.

I. — ARBORICULTURE FRUITIÈRE.

M. A. HARDY, professeur.

Définition de l'arboriculture fruitière : Jardins fruitiers, potagers fruitiers, vergers.

Enumération des principales essences fruitières cultivées en France : Vigne, Groseillier à grappes, épineux, Framboisier, Figuier, Mûrier noir, Pêcher et Brugnonnier, Abricotier, Prunier, Cerisier, Poirier, Pommier, Cognassier, Oranger, Citronnier, Grenadier, Plaqueminier (*Kaki*), Néflier, Amandier, Noyer, Noisetier, Châtaignier, Pistachier, Olivier, Bibacier.

Création du jardin fruitier : Climat, emplacement, situation et exposition. — Nature du sol, du sous-sol; étendue. — Clôture : murs, treillages, haies.

Distribution et aménagement du terrain pour culture commerciale, pour culture privée : Préparation du sol et du sous-sol; assainissement, ameublissement, amendement et fumure.

Plantation : Choix et préparation des arbres, habillage, mise en place. Distances à observer, manière d'opérer.

De la taille : Définition, but; deux époques : taille d'hiver, taille d'été. Instruments servant à tailler, manière d'opérer.

Opérations d'hiver : Retranchement du rameau et de la branche, rapprochement, ravalement, recépage, dressage, palissage en sec, arcure, torsion, entailles, incisions, cassement, éborgnage.

Opérations d'été : Ébourgeonnement, pincement, courbure, incisions, taille en vert, palissage en vert, éclaircie des fruits et ciselage, effeuillage, récolte.

De la forme à donner aux arbres : Formes libres, formes palissées, volumineuses ou rondes, planes ou aplaties, grandes formes, petites formes, espaliers, contre-espaliers, haute tige, pyramide ou cône, fuseau, vase, cordon, palmette, etc. Circonstances dans lesquelles on doit choisir telle ou telle forme.

CULTURES SPÉCIALES.

Vigne.

Description, mode de végétation et de fructification, climats, terrains, expositions, multiplication.

Variétés à Raisin de table. Description.

Plantation : Formes adoptées dans les jardins, Thomery, palmettes, cordons, souche basse, etc.

Établissement et traitement de la branche de charpente. Établissement et traitement de la branche à fruit. Taille à long bois, à court bois. Soins à donner à la Vigne pendant la végétation : ébourgeonnement, pincement, soufrage, sulfatage, palissage et évrillage, rognage, suppression de grappes, ciselage, bassinages, effeuillage.

Récolte, emballage, conservation.

Labours, binages, fumures.

Cultures d'entretien : Rajeunissement et restauration des souches et des coursonnes.

Préservation contre les accidents : gelée, grêle, coulure, etc.

Maladies parasitaires, insectes et animaux nuisibles.

Culture de la Vigne hâtée, forcée, retardée.

Définition : Serres et appareils de chauffage. Principes généraux et conditions de succès : chaleur, humidité, air, lumière. Leur emploi, leur action. Vignes en pleine terre, Vignes en pots.

Des époques de forçage. Conditions dans lesquelles la Vigne doit être traitée avant, pendant et après le forçage.

Préparation du sol, choix des variétés, plantation et disposition des ceps, âge, taille.

Six périodes à observer depuis le début du forçage jusqu'à la période de repos.

Culture en pots : Élevage des plants, traitements successifs, soins particuliers.

Culture hâtée : Époques et dispositions particulières.

Culture retardée : Choix des variétés, époques de mise en train, soins de conservation sur les ceps du Raisin en serre.

Pêcher.

Description, mode de végétation et de fructification, climats, expositions, conditions de succès suivant la nature du sol et celle du climat, espalier, haute tige ou plein vent.

Multiplication, plantation, époque, choix des sujets, préparation et habillage, mise en place, abris protecteurs contre les intempéries.

Des races et des variétés à cultiver dans les jardins et dans les vergers.

Indication de variétés hâtives, de maturité moyenne, tardives. Leur description.

Disposition de la plantation d'après la forme adoptée : Grandes et petites formes, dressage et palissage. Description des principales grandes formes, obtention de leur charpente, leur entretien. Description des principales petites formes, obtention de leur charpente, leur entretien. Équilibre entre les différents membres de la charpente.

Des petites branches ; les branches à bois, les branches à fruit : le rameau à bois, le gourmand, la coursonne, la chiffonne, le bouquet de mai, le rameau à fruit, le rameau anticipé ou faux-rameau.

Taille des petites branches et des branches fruitières, le rameau de remplacement, taille en crochet.

Opérations d'été sur les petites branches et les bourgeons ordinaires, sur les bourgeons anticipés, sur les bourgeons de prolongement des branches de charpente. Des diverses opérations auxquelles on peut soumettre les petites branches et les bourgeons du Pêcher : éclat, pincement répété, pincement mixte.

Restauration et rajeunissement des vieux arbres, appliqués soit à la branche de charpente, soit à la branche à fruit.

Soins d'entretien : Fumure, paillage, bassinages, etc.

Maladies, insectes nuisibles.

Culture du Pêcher forcé.

Définition, serres à châssis fixes, à châssis mobiles, serres volantes, appareils de chauffage. Culture en pleine terre, en pots ; préparation du sol, plantation, dispositions variées ; formes des arbres, choix des sujets, âge, variétés de Pêcher à préférer. Traitement pendant l'année qui précède le forçage, époques de forçage, quatre périodes à observer depuis la mise en végétation jusqu'à la récolte. Soins à donner aux arbres après le forçage.

Poirier et Pommier.

Description, mode de végétation et de fructification ; comparaison entre les deux essences, climats, terrains, expositions, multiplication. Influence du sol et du sujet sur le volume et la qualité du fruit, époques de plantation, choix des arbres, traitement de la première année.

Description des grandes et des petites formes ; leur obtention, leur entretien, des branches de charpente.

Description des différentes productions du Poirier et du Pommier : branche à bois, brindille, dard, lambourde, bourse, branche à fruit.

Taille des branches de charpente. Traitement successif pendant l'hiver et pendant la végétation des productions fruitières ou en voie de fructification depuis leur développement jusqu'au moment où elles se mettent à fruit.

Soins de culture : fumure, labours, binages.

Opérations diverses d'été.

Restauration et rajeunissement des vieux arbres.

Affranchissement, mise à fruit des arbres rebelles à fructifier.

Récolte, emballage et conservation des fruits, description des divers fruitiers.

Maladies parasitaires, insectes nuisibles.

Choix de variétés de Poires et de Pommes dans les jardins et les vergers, en fruits d'été, d'automne et d'hiver ; description. Appréciation de leurs qualités, soins particuliers réclamés par quelques-unes d'entre elles, production pour propriétaire-amateur, pour la vente.

Nota. — Le même cadre, plus ou moins étendu, ou, au contraire, plus ou moins restreint, est suivi pour toutes les autres essences fruitières qui font l'objet du cours.

II — PÉPINIÈRE FRUITIÈRE

M. Ferdinand JAMIN, professeur.

Choix de l'emplacement. — Nature du sol et du sous-sol. — Préparation du terrain. — Engrais, quantité par hectare. — Défoncements : à la charrue, à la houe, à la bêche.

Énumération des jeunes plants d'arbres fruitiers et leur mode de multiplication : stratification, semis, bouture, marcotte.

Préparation des plants : ceux qu'on doit rejeter.

Manière de disposer la pépinière : grandeur des carrés, largeur des allées. — Règlements à observer par rapport aux propriétés voisines. — Les distances auxquelles on doit planter selon la destination des plants. — Danger d'une plantation trop rapprochée.

Plantation des amandes qu'on a stratifiées : précautions à prendre.

Binages : le moment où il convient de les pratiquer, leur utilité.

Revue à faire aux plants, leur préparation pour recevoir l'écusson. En quoi consiste ce mode de greffage. Le moment favorable pour l'exécuter. — L'ordre à suivre selon la nature des essences. — Registre à tenir des sujets écussonnés. — Choix des rameaux et des yeux. — Étiquetage des jeunes arbres.

Des variétés qu'il est préférable d'écussonner sur de jeunes plants de l'année.

L'opération de la double greffe.

Multiplication au moyen de la greffe en écusson des plants qu'on destine à faire des arbres de haute tige.

Des diverses matières employées pour lier les écussons.

Rabattage des plants écussonnés. Traitement de ceux qui, n'ayant pas réussi à l'écusson, seront greffés en fente ou à l'anglaise. Description succincte de ces greffes.

Choix des rameaux pour ces greffes. Mastic à greffer, sa composition.

Petit labour d'hiver, dit retournage; son utilité.

Ébourgeonnage des plants écussonnés ou greffés; précautions à prendre pour les variétés délicates; appel de sève.

Accolage des jeunes arbres. Tuteurage: les bois les plus propres à fournir de bons échalas et tuteurs. — Sulfatage: son utilité. — Les essences et les variétés pour lesquelles le tuteurage est indispensable.

Soins à donner aux arbres pour tige pendant la végétation.

Désongletage: comment on doit le pratiquer; instruments à employer pour cette opération. — Les sujets qu'on ne doit désongleter qu'à la seconde année.

Réserves à faire dans la pépinière.

Déplantation: les meilleurs instruments pour ménager les racines; les soins spéciaux à prendre pour une plantation hâtive; l'effeuillage; ce qu'on doit faire des arbres une fois levés.

De la taille des jeunes arbres en pyramide, palmette, fuseau, cordon horizontal, gobelet, candélabre, forme en U.

Du pincement: cassement herbacé.

Du palissage et de l'armature pour l'effectuer, manière de poser les échalas. Courbures à donner aux branches pour les formes en candélabre et en U. Obliquité à donner aux branches charpentières d'une palmette. Distances à observer entre les branches charpentières. Torsion de l'axe et moyens divers pour obtenir des branches opposées.

Soins à prendre pendant l'hiver des échalas, tuteurs, et en général de tout ce qui concerne le matériel.

Élagage des arbres pour tige; danger d'un élagage trop sévère ou prématuré.

Arbres tiges greffés en tête et ceux greffés du pied.

Des arbres transplantés.

Préparation du sol, fumure.

Les meilleurs sujets pour transplanter. Distances auxquelles on doit planter selon les essences et les formes à donner aux arbres.

L'armature des sujets pour palmettes et autres formes soumises au palissage.

Avantage des arbres transplantés.

Principes généraux conduisant à reconnaître, à l'inspection du bois, les variétés d'une même essence.

Des insectes et animaux nuisibles, et des moyens d'atténuer leurs ravages. — Les insectes et animaux utiles. — Des diverses maladies et des moyens de les combattre.

III. — ARBORICULTURE D'ORNEMENT ET D'ALIGNEMENT

M. F. PAVARD, professeur.

Notions sur l'arboriculture ornementale. — Origine. — Premières remarques faites sur la reproduction naturelle des végétaux. — Perfectionnements successifs. — Arbres, arbrisseaux, arbustes. — Définitions.

Pépinière. — Nécessité de sa création. — Utilité de la pépinière. — De son but pour la multiplication et l'éducation des végétaux ligneux, ainsi que pour leur étude. — De leur importance pour la création de plantations régulières, tant ornementales que forestières, pour le repeuplement des vides, reboisements, etc.

Conditions requises pour créer la pépinière. — Études préalables: du sol, de l'emplacement, de l'exposition. — Influences favorables ou nuisibles des diverses expositions sur le sol et sur les végétaux. — Exposition naturelle. — Exposition artificielle ou improvisée.

Organisation de la pépinière. — Tracé et divisions méthodiques de l'emplacement à mettre en culture. — Mise en culture. — Premières dispositions à prendre pour la répartition des cultures. — Observations économiques. — Matériel, instruments et outils du pépiniériste. — Préparation du sol. — Défrichements. — Défoncements. — Labours. — Assolements. — Périodes de repos du sol. — Cultures diverses à approprier. — Entretien du sol. — Binages. — Paillage, etc.

Multiplication. — *Semis.* — Conditions de réussite. — Récolte et choix des graines. — Conservation. — Stratification. — Examen des graines.

1° Semis en pépinière proprement dite: choix et préparation du sol pour les semis; différents procédés employés à l'air libre et sous verre; époques favorables.

2° Semis forestiers en pépinière, sur place; différents procédés employés; époques favorables; soins généraux à donner aux semis pendant et après la levée; préservation des graines contre les animaux rongeurs; soins ultérieurs; éclaircissements; repiquages; entretien sarclages, bassinages, arrosages.

Marcottage. — Conditions de réussite. — Divers procédés de marcottage. — Diverses époques pour les exécuter. — Plantation, établissement et éducation des pieds mères. — Soins aux marcottes pendant et après l'enracinement. — Durée de l'enracinement. — Sevrages. — Marcottages: à l'état ligneux; à l'état herbacé. — Soins aux pieds mères: repos, etc.

Bouturage. — Conditions de succès. — Choix des boutures. — Choix et préparation du sol. — Différents procédés de bouturage. — Bouturage à l'air libre: par rameaux ou fragments de rameaux, par racines ou fragments de racines. — Bouturage sous verre à chaud ou à froid: à l'état ligneux, à l'état semi-ligneux, à l'état herbacé. — Soins successifs à donner aux boutures pendant l'enracinement et après l'enracinement. — Repiquages en pleine terre ou en godets. — Empotages. — Rempotages. — Arrosages ou bassinages. — Entretien.

Greffage. — Conditions de succès. — But et avantages de ce mode de multiplication. — Choix et éducation des porte-greffes, des sujets. —

Choix et préparation des greffes. — Description des divers procédés :

1° Greffe par approche ;

2° Greffes par rameaux détachés ;

3° Greffes par œil ou bourgeons ou inoculation ; leurs diverses applications ; greffage à l'air libre en pleine terre ; greffage sous verre à chaud et à froid ; soins à donner aux greffes pendant et après la reprise ; ligatures ; engluments ; instruments et outils du greffeur ; catalogues ; livres de greffes ; étiquetage.

Éducation des arbres dans la pépinière. — Formation de la tige et de la tête. — Ébourgeonnements. — Rebottages. — Pincements. — Tailles. — Tuteurage. — Ligatures. — Préparation des racines. — Relevages. — Replantations.

Préservation des végétaux. — Considérations relatives à leur degré de rusticité, de résistance au froid ou à la chaleur pendant leur jeune âge. — Abris : abris fixes, abris mobiles. — Couches chaudes, tièdes. — Leur emploi et utilité. — Serres chaudes et serres tempérées. — Bâches à multiplication. — Coffres, châssis, panneaux vitrés ou pleins. — Cloches. — Paillassons. — Toiles. — Claies, etc. — Observations relatives à la latitude et l'altitude des pays d'origine de certaines espèces. — Étude sur leur rusticité et leurs exigences sous notre climat. — Soins appropriés.

Plantations. — Préparation du sol. — Choix des sujets à planter. — Époque à déterminer pour opérer :

1° *En pépinière.* — Comprenant, aux divers âges, les repiquages, les rigolages, relevages ; plantation en place ; empotages ; rempotages, en bacs, en paniers, en mottes ou à racines nues ; taille, habillage, pralinage ; végétaux à feuilles caduques, à feuilles persistantes ; résineux ; de terre de bruyère.

2° *En place définitive, en massifs, bosquets*, etc. — Description et disposition des arbres et des arbustes dans les massifs suivant le sol et l'exposition ; massifs composés : 1° d'arbres et d'arbustes ; 2° d'arbres, d'arbustes et d'arbrisseaux ; 3° ou seulement d'une de ces sortes de plantes.

Disposition des arbres dans les points de vue, en groupe, ou isolés sur le bord des pièces d'eau et des ruisseaux ; soins à donner à ces plantes.

3° *En sylviculture.* — Étude du sol et de sa configuration, de son exposition, etc., relative-ment aux essences à y adapter ; travaux préparatoires, défrichements, etc. ; soins à donner à ces plantations forestières.

4° *En lignes, avenues, routes, quinconces.* — Conditions requises et à observer pour les des plantations d'alignement ; examen de amélioration ; choix des espèces ; choix sujets ; caractère ornemental des espèces ; tages et inconvénients ; qualités du bois.

Préparation du sol ; creusement des trous des tranchées ; époques à choisir pour la déplantation, drainage, arrosages, tuteurage et corsets ; distances à observer à divers égards : au point de vue de la végétation à obtenir ; au point de vue des distances légales entre riverains, des usages et règlements locaux concernant les plantations en général.

Plantations à racines nues ; plantations en mottes ; soins et précautions à observer.

Application des divers procédés de déplantation ; transports spéciaux d'arbres de fortes dimensions ; habillage des racines et des branches ; tailles, élagages divers ; formes à adopter ; émondages.

Instruments et outillage concernant la plantation, l'élagage et l'entretien en général des arbres d'alignement et leur préservation.

5° *Pour clôtures.* — Examen et préparation du sol ; choix des espèces applicables aux haies et palissades défensives ; éducation, préparation ou acquisition des plants ; procédés économiques et expéditifs à employer pour l'expédition des végétaux ligneux ; époques auxquelles doivent se faire les arrachages et les expéditions.

Maladies des végétaux ligneux. — Maladies constitutionnelles ou accidentelles. — Traitements appropriés. — Traitements préventifs. — Traitements curatifs. — Examen du sol. — Transformations à lui appliquer.

Parasites végétaux. — Moyens à employer pour les détruire ou les combattre. — Dégâts et pertes résultant des parasites.

Animaux et insectes nuisibles. — Indication des animaux nuisibles. — Rongeurs, fouisseurs, etc. — Des insectes nuisibles aux végétaux dans leurs parties aériennes et souterraines. — Procédés à employer pour prévenir ou combattre les dégâts de ces diverses espèces d'animaux ou d'insectes.

Comptabilité de culture. — Inventaire annuel des végétaux en pépinière. — Résultats de culture obtenus. — Catalogues, livres et registres. — Entrées, sorties.

IV. — CULTURE POTAGÈRE

M. A. HARDY, professeur.

Définition. Trois sortes de cultures appliqués à la production des légumes : culture potagère proprement dite (jardin potager) ; culture maraîchère (jardin maraîcher) ; culture champêtre (petite culture pratiquée dans les champs) ; comparaison entre ces trois modes de production.

Ce qu'on entend par saisons et par primeurs.

Emplacement, situation, exposition des jardins potagers, maraîchers, et des champs affectés aux légumes.

Sol : forme et disposition du terrain, étendue d'un jardin potager, d'un jardin maraîcher.

Constructions diverses.

Eau : emploi et aménagement des eaux ; canalisation, prises d'eau, réservoirs, bassins, tonneaux, bouches d'arrosages ; quantité à répandre ; bassinages, mouillures, arrosements par transport, par irrigation, en pluie ; action de l'eau.

Main-d'œuvre, quantité, qualité.

Préparation du sol : labour, défoncements, dé-

diverses sortes; faire le sol, fumiers, terreaux, composts, amendements.

Couches diverses, confection, montage et entretien, réchauds, accots.

Division et disposition du terrain : carrés, planches, ados, côtières, abris, dressage.

Entretien du sol : labour, binage, sarclage, ratissage, terreautage, paillage ou tapissage, serfouissage, plantage.

Instruments et ustensiles servant à travailler le sol ou à exploiter le jardin.

Appareils propres à abriter et à recevoir les plantes.

Semis : à la volée, en ligne, en place, en pépinière ; quantité de graines, éclaircissage, repiquage, pépinière d'attente, plantation, contreplantation, manière de faire ces diverses opérations.

Assolement et alternance des récoltes ; succession des saisons culturales.

DES LÉGUMES.

Racines, rhizomes, tiges, feuilles, inflorescences, fruits, graines.

Quatre groupes horticoles. — Définitions : I. Légumes racines ; II. Légumes herbacés ou herbes ; III. Légumes fruits ou fruits légumiers ; IV. Légumes graines.

I. — Légumes racines.

Pomme de terre.

Carotte, Panais, Céleri-Rave, Cerfeuil tubéreux, Cerfeuil de Sibérie, Chervis, Persil à grosse racine.

Oignon, Poireau, Ail, Échalote.

Navet, Radis et Rave, Chou-Rave, Chou-Navet, Raifort sauvage.

Salsifis, Scorzonère, Scolyme d'Espagne, Topinambour, Badiane géante, Betterave, Raiponce, Patate, Oxalis, Capucine tubéreuse, Souchet comestible, Stachys tubérifère.

II. — Légumes herbacés, ou herbes.

Asperge.

Chou, Chou-Fleur et Chou-Brocoli, Crambé maritime, Chou Pe-Tsaï et Chou Pak-choï, Cresson de fontaine, Cresson de terre, Cresson alénois, Roquette, Moutarde.

Artichaut, Cardon, Laitue pommée, Laitue romaine, Chicorée frisée, Chicorée Scarole, Chicorée sauvage, Barbe de Capucin, Witloof, Pissenlit, Estragon.

Épinard, Arroche, Bette ou Poirée, Quinoa (Ansérine), Baselle.

Céleri ordinaire à côtes, Persil, Cerfeuil, Cerfeuil musqué, Fenouil doux d'Italie, Criste marine (Perce-pierre), Angélique.

Oseille, Patience des jardins ; Rhubarbe, Mâche, Valériane d'Alger.

Pourpier, Claytone de Cuba, Tétragone, Ficoïde glaciale.

Ciboule, Ciboulette ou Civette, Pimprenelle.

Plantain Corne-de-Cerf, Bourrache, Basilic, Sauge, Sarriette, Thym, Marjolaine, Lavande, Romarin, Menthe, Mélisse.

Houblon.

III. — Légumes fruits ou fruits légumiers.

Melon.

Courge et Potiron, Concombre, Pastèque, Tomate, Aubergine, Piment, Alkékenge ou Coqueret.

Fraisier, Câprier, Ananas.

IV. — Légumes graines.

Haricot et Dolique, Pois, Pois Chiche, Fève, Lentille, Soja, Chenillette, Limaçon, Maïs, Capucine ordinaire, Gombo, Anis, Aneth, Coriandre, Macre ou Châtaigne d'eau.

Agaric comestible, Champignon de couche.

La culture de chacune de ces plantes est traitée pour celles qui le comportent de la manière suivante :

Description de la plante : mode de végétation ; climat ; nature du sol, préparation, fertilité.

Choix des races et des variétés, leur description.

Mode de multiplication.

Culture de plein air ; culture de primeur : avancée, forcée.

Époques de semis, de repiquage, de plantation, de contre-plantation, de récolte ; modes de repiquage et de plantation ; cultures d'entretien, rendement, conservation ; préparation des produits pour la vente ou pour la consommation particulière ; emballage, expédition.

Des divers procédés de culture appliqués à une même plante ; des diverses saisons culturales d'une même plante.

Porte-graines : durée de la faculté germinative des graines.

Insectes et animaux nuisibles : maladies ; moyens de les combattre ou d'en préserver les plantes.

V. — FLORICULTURE

M. B. VERLOT, professeur.

Plein air.

Considérations générales sur l'horticulture, et particulièrement sur la floriculture. — Couches et châssis. — Cloches et autres abris pour multiplier les plantes de plein air. — Instruments indispensables aux jardiniers.

Multiplication des plantes : par semis (récolte et conservation des graines), bouture, éclat, marcotte, greffe.

Sols naturels et artificiels. — Composts. — Arrosements des plantes de plein air.

Production et fixation des variétés. — Moyens de les obtenir et de les fixer. — Deux théories. — Fécondation naturelle et artificielle : son rôle dans la production des variétés.

Des hybrides.

Ce qu'on doit entendre par les mots : espèces, races, variétés, variations, *lusus* (polymorphisme) et hybrides. — Examen des variétés naines et géantes, de robusticité, de hâtiveté et de tardiveté. — Des variétés grandiflores et parviflores, macrocarpes et microcarpes, odorantes, de coloration complète ou partielle, par dédoublement ou transformation de l'androcée et du gynécée, prolifères, par soudure et par avortement. — Des Pélories et des Chloranthies. — *Lusus* et polymorphisme. — Choix des principales espèces et variétés annuelles, bisannuelles et vivaces à utiliser.

De la distribution de ces plantes dans les diverses parties d'un jardin d'ornement : bordures, plates-bandes, corbeilles, massifs, etc.

Des plantes de plein air à cultiver pour les marchés.

Des plantes pour rocailles, rochers, grottes. — Fougeraie ou *filicetum*. — Mosaïculture.

Description sommaire, histoire, culture, emploi et multiplication des principales plantes ornementales de pleine terre appartenant :

Aux Cryptogames vasculaires : Fougères ;

Aux Monocotylédones : Graminées, Cypéracées, Typhacées, Aroïdées, Palmiers, Commelynées, Mélanthacées, Liliacées, Amaryllidées, Iridées, Pontédériacées, Orchidées indigènes, Butomées, Alismacées et Hydrocharidées ;

Aux Dicotylédones monopétales, entre autres aux Campanulacées, Lobéliacées, Composées, Dipsacées, Valérianées, Rubiacées, Apocynées, Asclépiadées, Gentianées, Polémoniacées, Nolanées, Convolvulacées, Borraginées, Hydrophyllacées, Solanées, Scrofulariacées, Pédalinées, Acanthacées, Verbénacées, Labiées, Primulacées, Plombaginées ;

Aux Dicotylédones polypétales : Hypéricinées, Malvacées, Euphorbiacées, Limnanthées, Linées, Tropœolées, Géraniacées, Violariées, Droséracées, Capparidées, Résédacées, Crucifères, Fumariacées, Papavéracées, Renonculacées, Polygonées, Nyctaginées, Phytolaccacées, Amarantacées, Caryophyllées, Portulacées, Saxifragées, Ombellifères, Araliacées, Cucurbitacées, Œnothérées, Lythrariées, Rosacées, Papilionacées.

Considérations générales sur les plantes de serre.

Géographie botanique. — Son utilité dans la culture. — Ascension d'une montagne. — Effets de l'altitude sur la latitude. — Conséquences à en tirer au point de vue de la culture.

Des jardins vitrés : serres, jardins d'hiver, orangeries, aquariums.

Des arrosements applicables aux plantes de serre : Monocotylédones, Dicotylédones, Fougères.

Du choix et de la distribution des plantes dans les serres de grande et de petite étendue. — Des plantes d'appartement.

Description, histoire, culture, multiplication et emploi des principales plantes d'ornement de serre :

A. Cryptogames vasculaires : Fougères, Sélaginelles.

B. Monocotylédones : Graminées, Cypéracées, Commelynées, Aroïdées, Cyclanthées, Pandanées, Palmiers, Liliacées (notamment les *Dracœna*), Amaryllidées (surtout *Amaryllis* et *Agave*), Broméliacées, Musacées, Cannacées, Marantacées, Zingibéracées, Orchidées.

C. Dicotylédones monopétales : Composées, Rubiacées, Asclépiadées, Apocynées, Gesnériacées, Acanthacées, Bignoniacées, Myoporinées, Labiées, Verbénacées, Théophrastées, Ericacées (Bruyères indigènes et du Cap, Rhododendrons rustiques et de l'Himalaya), Clusiacées, Camelliacées, Cistinées, Sterculiacées, Euphorbiacées (surtout Crotons), Géraniacées (Pélargonium et Géranium), Polygalées, Aurantiacées, Rutacées, Malpighiacées, Sapindacées, Pittosporées, Nymphéacées, Nélombonées, Pipéracées, Artocarpées, Urticées, Ficoïdes, Cactées, Crassulacées, Passiflorées, Papavéracées, Aristolochiacées, Népenthées, Bégoniacées, Mélastomacées, Myrtacées, Granatées, Daphnoïdées, Protéacées, Laurinées, Rosacées (Rosiers : histoire, culture et multiplication), Papilionacées, Césalpiniées, Mimosées, Araucariées et autres Conifères d'orangerie, Cycadées, etc.

VI. — BOTANIQUE

M. MUSSAT, professeur.

Définition de la botanique. — Division de cette science. Son importance en horticulture.

Organographie.

De la racine. — Diverses sortes de racines : racines normales et adventives ; applications à diverses opérations culturales : serfouissage, buttage ; théorie de la marcotte et de la bouture.

De la tige. — Direction et mode de végétation des tiges ; tiges souterraines, leurs caractères : rhizome, bulbes, tubercules, etc. ; rôle de ces sortes de tiges dans la multiplication des plantes ; applications à la culture.

De la feuille. — Parties constituantes : feuilles simples et composées ; nervations, phyllodes ; métamorphoses des feuilles ; disposition des feuilles ; lois de la phyllotaxie.

Des stipules : positions des stipules, leur durée, leurs métamorphoses.

De la ramification. — Caractères distinctifs des branches, principales sortes : branches ordinaires, caïeux, bulbilles, etc. ; générations successives de branches ; données fournies par ces notions pour la théorie de la taille.

Terminaison des branches ; ramification normale ; pseudo-tige ; dichotomie.

Branches gourmandes ; bourses ; importance culturale de ces distinctions.

Des bourgeons. — Bourgeons nus ; bourgeons écailleux ; bourgeons à bois, à fleurs, mixtes ; prompts bourgeons ; bourgeons dormants.

Bourgeons adventifs : ils peuvent être spontanés ou provoqués.

Conséquences pratiques de la nature morphologique des bourgeons.

Métamorphose des bourgeons ; théorie de la greffe.

De l'inflorescence. — Pédoncules et bractées ; involucres, calicule, etc.

Inflorescence indéfinie à deux ou plusieurs degrés de végétation ; principales sortes.

Inflorescence définie, à deux ou plusieurs degrés de végétation ; principales sortes.

Inflorescence mixte : elles sont de deux types principaux.

Inflorescences anormales : aperçu sommaire sur les causes qui en amènent la formation.

Boutons de fleurs, constitution, épanouissement, etc.

De la fleur. — Constitution, sexualité.

Du calice : forme, nombre, position des sépales ; deux sortes de calice ; régularité et irrégularité du calice ; durée et consistance.

De la corolle : forme, nombre, coloration, position des pétales ; règle d'alternance ; deux principales sortes de corolle ; régularité et irrégularité ; multiplication, déformation des pétales (fleurs doubles, pleines, etc.).

De l'androcée : constitution de l'étamine ; nombre et position des organes ; grandeur relative, etc. ; caractères morphologiques du pollen.

Réceptacle et gynécée : Formes diverses du réceptacle ; leur influence sur la situation relative de l'androcée et du gynécée ; constitution de l'organe femelle ; ovaire considéré dans ses caractères organographiques ; gynécée formé d'un seul pistil ; gynécée pluri-carpellé.

Ovules : organisation ; nombre et dispositions ; formes principales.

Disques et nectaires.

De la préfloraison : étude sommaire de ce caractère dans les diverses parties de la fleur.

Du fruit. — Définition ; constitution, maturité et déhiscence ; indusies.

Classification morphologique des fruits et description des principales sortes.

De la graine : constitution ; présence ou absence de l'albumen ; conséquences pratiques.

Anatomie.

Notions indispensables sur les principaux tissus et le contenu des éléments anatomiques. Structure de la tige, de la racine, des feuilles, de la fleur, comparée dans les plantes dicotylédones, monocotylédones et acotylédones.

Physiologie.

Dissémination des graines ; agents qui y concourent.

Germination : conditions qui y président ; conservation des graines.

Phénomènes qui concourent à l'absorption : influence des circonstances extérieures ; conséquences pratiques.

Respiration des plantes ; circulation.

Nutrition des plantes : origine des principes élémentaires ; application à la théorie de l'emploi des engrais, à celle des assolements, etc. ; accroissement des plantes.

Fécondation : phénomènes essentiels, causes qui l'assurent, la retardent ou l'empêchent ; fécondation artificielle ; son importance ; maturation des fruits et des graines.

Taxonomie et phytographie.

Exposé sommaire des procédés de classification usités. — Étude des principales familles qui fournissent des plantes alimentaires, ornementales ou nuisibles :

Renonculacées, Magnoliacées, Papavéracées, Crucifères, Violacées, Caryophyllées, Malvacées, Hypéricacées, Vitacées, Géraniacées, Rutacées, Légumineuses, Rosacées, Lythrariacées, Myrtacées, Cucurbitacées, Cactacées, Ombellifères, Caprifoliacées, Rubiacées, Composées, Campanulacées, Ericacées, Primulacées, Convolvulacées, Borraginacées, Solanacées, Scrofulariacées, Labiées, Verbénacées, Chenopodiacées, Polygonacées, Lauracées, Ulmacées, Conifères, Liliacées, Amaryllidacées, Broméliacées, Iridacées, Orchidacées, Aracées, Palmiers, Cypéracées, Graminées ;

Fougères, Lycopodiacées, Champignons.

Étude succincte des parasites cryptogamiques qui constituent des maladies pour ces plantes supérieures :

Maladies de la Vigne : vulg. : oïdium, mildew ; maladie de la Pomme de terre ; rouille et charbon des Graminées ; maladie des Rosiers, des Pêchers, des Laitues, etc. ; blanc ou meunier ; rouille des Poiriers, tavelure, etc., etc.

VII. — ARCHITECTURE DES JARDINS ET DES SERRES

M. CHOISY, professeur.

Généralités.

Définition d'un jardin : le complément en plein air d'une habitation.

Histoire sommaire des jardins.

Conditions essentielles d'un jardin : sécurité, bien-être, beauté.

Deux grandes catégories de jardins : jardins réguliers, jardins paysagers.

Jardins réguliers.

Idée générale du jardin français : subordination du terrain à des formes architecturales.

Disposition de l'habitation par rapport au jardin et à la voie publique : avenues d'accès ; cour d'honneur ; château.

Éléments essentiels du jardin : parterre ; une percée magistrale et deux percées secondaires.

Conditions du tracé en plan : contours à la règle et au compas ; symétrie en chaque point.

Conditions de relief : allées ou percées à profil longitudinal, rectiligne, ou concave ; éviter les profils convexes et surtout les profils ondulés.

Comment on sauve la difficulté des ondulations du terrain.

Ondulations légères ; interrompre la vue à chaque sommet.

Changements brusques de niveau : terrasses avec rampes ou escaliers.

Détails sur les divers éléments du jardin : percées, pièces d'eau, parterres.

Jardins publics et jardins de ville, traités dans le système régulier.

Jardins paysagers.

Caractère général des jardins paysagers : abords de l'habitation.

Principe du jardin paysager : subordination des tracés aux dispositions naturelles du sol.

Emplacement de l'habitation par rapport au parc et à la voie publique : considérations de sécurité, de vue, de salubrité, d'orientation.

Abords de la maison ; emplacement des communs et du potager ; tracé des voies d'accès.

Les eaux.

Eaux courantes. — Leur influence sur le caractère du paysage.

Configuration d'une vallée : pentes en long et en travers, relations qu'elles présentent entre elles.

Configuration du lit d'un cours d'eau : profil à pente plus raide sur la rive concave que sur la rive convexe.

Influence de la perméabilité du sol sur l'aspect du paysage : cas des terrains imperméables, sol à ravinements accidentés avec cours d'eau superficiels ; cas des terrains perméables, sol sans ravinements, vallées peu accidentées.

Sources : leur emplacement.

Rochers : leurs formes et leurs positions dans la nature.

Eaux dormantes. — Trois grandes catégories naturelles : lacs, étangs, marais.

Aspect plus ou moins découpé des contours, suivant que le sol est plus ou moins imperméable.

Assainissement des étangs à niveau variable, par recoupement des berges.

Mauvais effet des rives convexes et des bords ondulés. Remède : accentuer les promontoires et les baies.

Percées.

Leur rôle esthétique : percées magistrales, secondaires ; condition d'unité d'effet ; profil en long, droit ou concave ; profils en travers, concave.

Champ de la vue : sa limite maximum ; répartition des objets faisant point de vue dans le champ de la percée ; disposition et grandeur des arbres qui la bordent.

Allées. — Conditions de leur tracé.

Conditions matérielles : justification de la direction et de la courbure de chaque allée ; allées pour piétons, pour voitures ; largeur, mode de construction, limites de pentes propres à chaque cas.

Conditions esthétiques : profil en long, autant que possible droit ou concave.

Comment on sauve les convexités : profil des allées à flanc de coteau.

Contre-courbes : comment on les raccorde entre elles.

Éviter les allées à ondulations peu accentuées.

Allées multiples. — Tracé des bifurcations.

Cas où l'allée secondaire se détache de la principale sur la rive concave.

Cas où elle se détache sur la rive convexe.

Boisement des rives vers les points de bifurcation ; croisement des allées, carrefours.

Plantations.

Comment la végétation se répartit dans une vallée naturelle.

Rives du cours d'eau : arbres à bois blanc. — Fond de la vallée : pelouse. — Pied des coteaux : broussailles, pins, futaie.

Massifs. — Forme des massifs : à contours accusés, éviter les sinuosités adoucies.

Raccord des massifs avec le gazon : par l'intermédiaire d'arbustes.

Arbres isolés. — Plantations par nombres impairs ; éviter les alignements.

Choix des essences. — Considérations de culture ; convenance du sol et de l'exposition.

Considérations esthétiques : coloris du feuillage ; éviter les mélanges d'espèces pour les groupes éloignés ; massifs successifs se détachant les uns sur les autres par le coloris de l'essence dont chacun est composé ; emplacement des Conifères.

Arbres exotiques : leur place et leur rôle dans un jardin.

Précautions pratiques à observer, soit qu'on procède par plantation ou par abattage.

Fleurs et plantes à feuillage coloré. — Corbeilles et bordures : leur emplacement et leurs formes.

Répartition des couleurs : d'après l'intensité des tons ; d'après les considérations d'harmonie. Loi du contraste simultané des couleurs.

Étude d'un jardin.

Étude sur plan. — Choix des points de vue, tracé des cours d'eau, des percées, des allées ; emploi des courbes de niveau, des profils en long et en travers ; plan relief.

Étude sur le terrain et exécution. — Report du projet sur le terrain.

Piquetage indiquant aux points principaux les déblais et remblais.

Remblais disposés en prévision du foisonnement.

Organisation d'un chantier de terrassement.

Répandage des terres végétales ; réglage définitif des surfaces : semis et plantations.

Accessoires d'un jardin. — Les fabriques : leurs emplacements et leurs principaux types ; ponts, embarcadères, abris et bancs, kiosques, maisons de gardes, etc.

Serres : leur principe, leur emplacement, leur orientation ; serres froides, tempérées, chaudes ; serres isolées, adossées, bâches ; moyen d'éviter les gouttes.

Divers modes de chauffage et leurs emplois spéciaux : chauffage à l'air, à l'eau ; association des deux systèmes.

Évaluation des dépenses d'un jardin. — Calcul des terrassements et des transports ; méthodes expéditives pour ces calculs ; analyse des prix et leur application au projet ; établissement du devis.

Application générale du cours.

Établissement d'un projet de jardin sur un terrain donné.

VIII. — PHYSIQUE TERRESTRE. — MÉTÉOROLOGIE. – CHIMIE. — GÉOLOGIE

M. POURIAU, professeur.

Physique terrestre et météorologie.

De la terre. — Équateur, pôles, méridiens, horizon, verticale, zénith. Latitude et longitude géographiques, altitude. Points cardinaux, étoile polaire, plan méridien, méridienne, cadrans solaires, écliptique, équinoxes, solstices, saisons. Partage de la terre en 5 zones. Influence de l'inclinaison des terrains sur leur échauffement. Attraction universelle, pesanteur, poids, volume, densité des corps.

De l'atmosphère. — Propriétés, composition, éléments essentiels de l'air : oxygène, azote, acide carbonique, vapeur d'eau.

De l'eau. — Hydrogène, propriétés physiques et chimiques de l'eau. Éléments dissous, eau distillée, eaux calcaires, séléniteuses. Principes d'hydrostatique, presse hydraulique, vases communiquants, niveaux, puits artésiens. Principe d'Archimède, aréomètres et alcoomètres.

Capillarité et endosmose. — Application à la physiologie végétale.

Du baromètre à cuvette, à siphon, métallique. Usages. Échelle des pronostics. Vents, girouettes, ûeles.

Loi de Mariotte. Étude des pompes.

Du calorique et de ses effets. — Dilatation. Thermomètre à mercure, à alcool, à maxima et minima. Fusion et solidification, vaporisation, ébullition, évaporation, condensation. Des divers modes de chauffage à la vapeur, à l'air chaud, à l'eau chaude. Thermosiphon, chauffage des serres, des bâches. Culture géothermique. Conductibilité et rayonnement. — Applications. — Préservation des arbustes et plantes contre la gelée. — Paillassons et toiles pour les serres. — Cloches et vitrines. — Glacières. — Coloration des murs pour espaliers. — Chaleur lumineuse et obscure.

Des météores aqueux. — Brouillards, nuages, rosée, gelée blanche, nuages artificiels. — Lune rousse. — Pluie et pluviomètre. — Régime des pluies en France. — Climat sec et humide, capacité à donner aux citernes. — Évaporation et évaporomètre. — Alimentation des sources, rivières, fleuves. — Évaporation à la surface des nappes aqueuses dans le sol, par les plantes. — Arrosages et irrigations. — Hygrométrie. — Hygromètre de de Saussure. — Hygroscopes.

Lumière. — Composition de la lumière blanche. — Rayons lumineux, calorifiques, chimiques. — Influence sur la végétation.

Climatologie générale. — Climat d'un lieu. — Température moyenne, estivale, hivernale ; climats constants, variables, excessifs. — Climats maritimes, insulaires ou côtiers. — Climats continentaux. — Influences de la latitude, la longitude, l'altitude sur le climat et la végétation d'un pays. — Climatologie de la France. — 5 climats : vosgien, séquanien, girondin, rhodanien, provençal. — Caractères de chaque région. — Végétaux caractéristiques.

Notions élémentaires de chimie minérale.

Corps simples et composés. — Chimie minérale et organique. — Chimie minérale. — Métalloïdes et métaux. — Métalloïdes. — Oxygène, hydrogène, azote, carbone, soufre, chlore, phosphore, silicium. — Métaux : potassium, sodium, calcium, magnésium, aluminium, fer. — Principes de la nomenclature chimique. — Études des principaux métalloïdes : 1° oxygène, azote, hydrogène, carbone ; combinaisons les plus importantes : eau, acide carbonique, ammoniaque, acide azotique ou nitrique, sels ammoniacaux ; — 2° soufre, chlore, phosphore, silicium ; combinaisons les plus importantes : acides sulfureux et sulfurique, phosphorique, silicique. — Métaux : potassium, sodium, potasse et soude. — Principaux sels : calcium, magnésium, aluminium, fer, chaux, magnésie, alumine, oxydes de fer. — Principaux sels : feldspaths. — Origine de l'argile kaolin. — Engrais chimiques.

Éléments de géologie.

Notions succinctes de géologie. — Consolidation de l'écorce terrestre. — Éruptions et épanchements. — Terrains d'origine ignée, sédimentaire. — Fossiles, systèmes de soulèvement. — Carte géologique de la France. — Tableau élémentaire des divers terrains qui composent la croûte solide du globe. — Indications des principales roches.

Des terres arables. — Éléments minéraux et organiques. — Origine. — Désagrégation et décomposition des roches. — Sols formés sur place, sols granitiques, volcaniques, calcaires, schisteux, siliceux, argileux, sols de transport. — Éléments de fertilité des sols. — Éléments physiques : sable, argile, calcaire, humus. — Propriétés. — Classification des terres arables. — Analyse élémentaire. — Engrais et amendements.

Notions de chimie organique.

Matières azotées des plantes. — Albumine, légumine, gluten. — Corps neutres non azotés : cellulose, fécule, amidon, gommes et mucilages. — Principes gélatineux des fruits. — Sucres (et dérivés, alcool, vinaigre.) — Acides végétaux : oxalique, tartrique, citrique, malique, tannique. — Bases organiques. — Graisses végétales : huiles, beurres, cires. — Huiles essentielles, gommes. — Résines. — Matières colorantes.

IX. — ZOOLOGIE ET ENTOMOLOGIE

M. le docteur HENNEGUY, professeur.

Préliminaires.

Corps organiques et inorganiques. — Vie active, vie latente. — Animaux et végétaux. — Tissus animaux, organes, fonctions. — Notions sommaires sur les organes et les fonctions chez l'homme. — Digestion et appareil digestif. — Sang, lymphe, chyle. — Circulation et vaisseaux divers. — Respiration, appareil et mécanisme. — Appareil vocal. — Phénomènes chimiques de la respiration et de la chaleur animale. — Notions succinctes sur les glandes et sur l'appareil urinaire. — Locomotion, os et squelette, muscles. — Mouvements. — Notions succinctes sur les organes du toucher, de l'odorat, du goût, de la vue et de l'ouïe. — Système nerveux. — Organes reproducteurs.

Classification des animaux. Embranchements.

I. — *Vertébrés.*

Mammifères : Cheiroptères ou chauves-souris, principales espèces de France. — Insectivores : hérisson, musaraigne, taupe. — Carnivores. — Carnassiers nuisibles de France. — Chien, principales races agricoles, notions sur la rage. — Rongeurs : écureuils, loirs, campagnols, rats, lapins et lièvres. — Suidés : porc et sanglier. — Équidés : cheval et âne, principales races agricoles du cheval, notions sur les dents, les allures et la ferrure. — Ruminants et rumination : notions sur le bœuf, le mouton, la chèvre et les ruminants des bois.

Oiseaux : Rapaces diurnes et nocturnes, services et méfaits. — Grimpeurs : pics et coucous. — Passereaux : utilité des passereaux insectivores et ses limites. — Granivores : dégats en automne, élevage des oiseaux de volière. — Gallinacés : domestiques et sauvages, soins à donner à la basse-cour et à la faisanderie, services que nous rendent certains gallinacés dans les jardins. — Échassiers et palmipèdes : espèces domestiques, espèces utilisées dans les jardins contre les insectes et les limaces.

Reptiles écailleux : Tortues de terre et d'eau douce ; lacertiens insectivores ; serpents venimeux et non venimeux.

Batraciens : Métamorphoses, grande utilité horticole de ces animaux, anoures et urodèles.

Poissons : Respiration branchiale, notions sommaires sur les poissons d'eau douce des ruisseaux et des pièces d'eau et sur la pisciculture.

II. — *Invertébrés.*

L'étude des espèces nuisibles est toujours accompagnée de la discussion des meilleurs procédés de destruction.

Insectes : Organisation générale, métamorphoses.

Coléoptères : Carabiques, staphylins, silphes, hannetons et vers blancs, élatériens, vers luisants, dermestes, anobies détruisant les bois ouvrés, scolytiens ravageurs des forêts, charançons des tiges, des fruits, des bourgeons, des graines, des racines. — Longicornes, chrysoméliens, eumolpe de la vigne, doryphore de la pomme de terre, altises, galéruques, etc., coccinelles détruisant les pucerons.

Orthoptères : Perce-oreilles, mantes carnassières, blattes des serres et des maisons, courtilières, grillons, sauterelles, criquets à migrations dévastatrices de France et d'Algérie.

Névroptères : Termites, libellules, éphémères, panorpes, chrysopes détruisant les pucerons, fourmilions, etc.

Hyménoptères : Notions d'apiculture, ruches, miel, cire, guêpes, fouisseurs, fourmis. — Entomophages internes, les plus précieux auxiliaires de l'agriculture et de l'horticulture. — Cynips et galles. — Tenthrédiniens phytophages et fausses chenilles.

Lépidoptères : Diurnes nuisibles. — Notions sur le ver-à-soie. — Bombyciens nuisibles aux jardins, noctuelles. — Phalènes. — Hibernies ou papillons de l'hiver, galéries de la cire, tordeuses, pyrale de la vigne, pyrales des vergers, yponomeutes, teignes des légumes, teignes domestiques.

Hémiptères : Punaises carnassières utiles, punaises des lits, punaises des jardins. — Cigales et cicadelles. — Psylles. — Pucerons, phylloxéra de la vigne, kermès et cochenilles. — Thrips des jardins et des serres.

Diptères : Moustiques, tipules des potagers, stomoxes pouvant inoculer le charbon. — Taons, mouches tachinaires entomophages internes des chenilles, mouches des fumiers et des viandes, mouches charbonneuses, mouches des fruits et des légumes. — Œstres et diptères parasites des animaux. — Poux, puces.

Myriapodes : Scolopendres et Iules ; espèces utiles, espèces nuisibles au jardin.

Arachnides : Araignées, toiles et chasses ; grands services qu'elles nous rendent. — Scorpions ; acariens, acariens tisserands et maladie de la grise, acariens parasites, trombidions et rougets, acariens parasites de l'homme et des animaux.

Crustacés : Écrevisse. — Cloportes des jardins et des bois.

Annélides : Lombrics ou vers de terre.

Helminthes : Notions sur les oxyures, les ascarides, les douves, les ténias et cysticerques, la trichine.

Mollusques : Gastéropodes terrestres, arions, limaces, testacelles (mollusques carnassiers), escargots, colimaçons, cyclostomes. — Zoophytes. — Notions sommaires.

X. — ARITHMÉTIQUE

M. LAFOSSE, professeur.

Notions préliminaires. — Théorèmes relatifs à la multiplication et à la division. — Divisibilité des nombres. — Définitions. — Principes sur la divisibilité des nombres. — Caractères de divisibilité. — Preuve par 9 de la multiplication et de la division. — Plus grand commun diviseur. — Nombres premiers. — Décomposition des nombres en facteurs premiers. — Application des nombres premiers aux opérations abrégées. — Fractions ordinaires. — Fractions irréductibles. — Simplification des fractions. — Réduction des fractions au même dénominateur. — Les quatre règles appliquées aux fractions. — Nombre fractionnaires. — Fractions décimales. — Opérations des nombres décimaux. — Conversion des fractions ordinaires en fractions décimales et réciproquement. — Fractions décimales périodiques. — Multiplication et division abrégées. — Système métrique. — Mesures de longueur. —

Unités de surface, de volume, de capacité. — Des poids, monnaies, alliages, titres. — Applications nombreuses du système métrique aux besoins du jardinage. — Extraction des racines. — Des carrés. — Racine carrée des nombres entiers et des nombres décimaux. — Approximation des racines carrées. — Des cubes. — Racine cubique des nombres entiers et des nombres décimaux. — Approximation des racines cubiques. — Applications de l'arithmétique à divers problèmes généraux : Rapports, proportions. — Règles de trois. — Intérêts simples, comptes courants. — Échéances communes. — Sociétés d'assurance. — Rentes sur l'État. — Actions et obligations. — Escompte. — Règles de répartition proportionnelle, de société, des moyennes et de mélange. — Intérêts composés. — Caisses d'épargne. — Des progressions. — Annuités et amortissement.

XI. — GÉOMÉTRIE

M. LAFOSSE, professeur.

Ligne droite et plan. — Ligne brisée. — Ligne courbe. — Surfaces. — Termes employés en géométrie. — Tracé des lignes droites. — Mesure des lignes droites. — Angles, leur génération. — Angles droit, aigu, obtus. — Angles complémentaires et supplémentaires. — Angles adjacents. — Somme des angles tracés autour d'un point. — Angles opposés par le sommet. — Applications. — Fausse équerre. — Égalité des angles. — Propriétés du triangle isocèle. — Perpendiculaires et obliques. — Égalité des triangles rectangles. — Propriétés de la bissectrice d'un angle. — Applications : tracé des perpendiculaires avec l'équerre du dessinateur, du menuisier, etc. ; T des dessinateurs, équerre d'arpenteur. — Vérification des perpendiculaires sur le terrain par l'égalité des obliques. — Verticale, horizontale, niveau d'eau, niveau de maçon. — Des parallèles. — Relations qui existent entre les angles formés par deux parallèles que coupe une sécante. — Somme des angles d'un triangle et d'un polygone quelconque. — Des quadrilatères. — Propriétés de leurs côtés, de leurs angles et de leurs diagonales. — Circonférence, cercle, rayon, diamètre, arc, corde, tangente, sécante, etc. Conditions du contact et de l'intersection de deux cercles. — Mesure des angles : angles au centre, angles inscrits. — Évaluation des angles en degrés, minutes, secondes et en grades. — Applications. — Rapporteur, graphomètre ; tracé et raccordement des allées. — Tracé des pelouses, massifs, corbeilles, etc., à l'aide des mesures de longueur et d'un cordeau. (*Elever ou abaisser des perpendiculaires, mener des parallèles, construire des triangles, carrés, losanges, etc., tracer des*

cercles, des ovales, des ellipses, des spirales, etc.)
Figures semblables. — Lignes proportionnelles, triangles semblables, conditions de similitude. — Polygones semblables. — Décomposition de ces polygones en triangles semblables. — Relation entre les côtés du triangle rectangle. — Rapport de la circonférence au diamètre. — Rapport ordinaire, rapport approximatif, mais plus rapide, pour les calculs oraux.
Figures équivalentes. — Surface, mesure de la surface du carré, du rectangle, du parallélogramme, du losange, du triangle, du trapèze, d'un polygone quelconque. — Méthode de la décomposition en triangles, en trapèzes rectangles. — Tableau des opérations, surface d'un terrain à contours sinueux : procédés à employer. — Surface d'un polygone régulier. — Surface du cercle, du secteur et du segment de cercle, de l'ellipse, etc. — Applications. — Arpentage de divers terrains. — Partage des terres.
Évaluation des volumes : solides, faces, arêtes, sommets. — Parallélipipède droit et oblique, prisme droit et oblique, pyramide droite et oblique ; mesure du volume de ces solides et de leur surface latérale. — Tronc de pyramide, tronc de cône, sphère. — Volume des objets ayant plus ou moins la forme du tas de cailloux. — Jaugeage approximatif d'un cours d'eau. — Applications diverses : volume de la maçonnerie d'un puits, d'un bassin, etc. Capacité d'un bassin elliptique, d'un sceau conique, d'un tonneau, etc. — Moyens de trouver la surface vitrée et le volume intérieur d'une serre de forme quelconque.
A la fin de l'année, les élèves sont exercés à faire le levé (plan, coupe et élévation), soit de bâtiments de l'École, soit de serres.

XII. — LEVÉ DE PLANS. — NIVELLEMENT

M. LAFOSSE, professeur.

Objet du levé des plans. — Principes de la représentation du terrain. — Verticale, horizontale, projection, figures semblables. — Division des opérations d'un levé complet : planimétrie, nivellement.

Planimétrie.

Principes de la planimétrie. — Échelle du plan, construction et emploi. — Copie et réduction des plans.

Tracé des lignes droites et des lignes courbes : jalons, fil à plomb. — Manière de jalonner. — Instruments en usage pour mesurer les longueurs : mètre, double mètre, quintuple mètre. — Étalonnage. — Mesure en terrain horizontal ou en terrain incliné. — Précision de la mesure. — Mesurage avec la chaîne ou avec le ruban d'acier en terrain horizontal ou en terrain incliné. — Précautions à prendre. — Échelle de réduction à l'horizon.

Marche générale à suivre dans l'exécution d'un levé. — Orientation du plan du polygone topographique. — Levé du canevas et levé des détails. — Méthodes employées pour le levé du canevas : par cheminement, par triangulation, par rayonnement, par intersection, par les perpendiculaires. — Avantages et inconvénients de chacune d'elles.

Levé au mètre et à la chaîne.

Levé à l'équerre d'arpenteur ou arpentage. — Description. — Usages. — Vérification de l'équerre, sa précision. — Problèmes divers que l'usage de cet instrument permet de résoudre.

Levé au graphomètre. — Description. — Usage du vernier circulaire. — Vérification et mise en station du graphomètre. — Levé par diverses méthodes : de cheminement, d'intersection et de rayonnement. — Inscription des mesures prises sur le terrain. — Cahiers de croquis et registres des opérations. — Construction, à l'échelle, du dessin représentant le plan du terrain levé.

Levé à la boussole. — Description et notions diverses. — Vérification et usage de la boussole. — Mesure des angles. — Précautions à prendre. — Variations de l'aiguille aimantée. — Moyen de constater les déviations locales et de les corriger. — Croquis et registres des opérations sur le terrain, suivant la méthode employée. — Construction graphique, à l'échelle, du plan du terrain levé. — Répartition des erreurs admissibles.

Levé au goniomètre. — Description. — Vérifications à faire subir à l'instrument. — Opérations nécessaires pour la mesure d'un angle. — Précision.

Levé à la planchette. — Description. — Alidade. — Déclinatoire. — Mise en station. — Choix de la base. — Choix des stations en dehors de la base. — Exécution du levé du canevas. — Avantages que présente cet instrument. — Méthode employée de préférence avec la planchette. — Précautions à prendre pour éviter la confusion dans les diverses visées aboutissant à un même point. — Applications diverses de la planchette.

Nivellement.

But du nivellement. — Surfaces de niveau. — Surfaces de comparaison. — Altitude. — Repères. — Niveau apparent. — Niveau vrai. — Haussement. — Plan de comparaison généralement adopté.

Instruments de nivellement. — Niveau de maçon et niveau à bulle d'air. — Vérification de ces instruments, usages. — Niveau d'eau. — Description. — Mise en station. — Invariabilité du plan horizontal dans une même station. — Manière de viser. — Ménisques. — Obturateurs. — Avantages et inconvénients de ce niveau. — Niveau collimateur. — Description. — Mise en station rapide. — Longueur de la visée. — Nombreux avantages de cet instrument. — Sa précision. — Niveau à lunette. — Principe et description de ce niveau. — Calage de l'instrument. — Portée et précision. — Pratique de l'instrument. — Mires à coulisse. — Manière de faire une lecture. — Précautions à prendre. — Mires parlantes.

Opérations élémentaires du nivellement. — Nivellement simple. — Nivellement composé. — Manière d'opérer. — Décomposition du travail du nivellement en deux opérations. — Nivellement du canevas polygonal ou de l'ensemble du lever. — Nivellement des détails. — Méthode employée pour le nivellement de l'ensemble. — Sa vérification. — Registre des opérations. — Limite de l'erreur admissible, sa répartition. — Méthode employée pour le nivellement des détails. — Registre des opérations.

Représentation des formes du terrain au moyen des courbes horizontales. — Conventions admises pour le choix de ces courbes et leur espacement. — Détermination, sur le terrain, des points appartenant à une courbe horizontale dont la cote est donnée. — Moyens employés pour rapporter ces points sur le plan.

Nivellement par profils en long et en travers. — Nivellement des terrains plats par points isolés placés aux angles d'un quadrilatère.

Ligne de faîte, ligne de thalweg et ligne de plus grande pente. — Plans en relief. — Manière de les établir. — Nivellement par le système des sondes.

Le cours de levé de plans comprend une série de séances sur le terrain pour habituer les élèves à l'usage des instruments et pour faire exécuter à chacun d'eux les opérations de levé et de nivellement expliquées dans les leçons. On emploie ces séances pratiques à lever diverses parties du parc de Versailles ou de Trianon, et aussi de quelques propriétés particulières.

Enfin, comme application du cours d'architecture des jardins, les élèves rapportent sur le terrain, en grandeur d'exécution, les plans de jardins paysagers représentés à petite échelle par un croquis coté.

XIII. — DESSIN

M. MANGEANT, professeur.

1re Année. — Dessin d'imitation : ornements, fleurs, plantes, fruits ; au crayon noir d'abord et aux deux crayons ensuite ; des études à l'aquarelle sont faites par les élèves qui ont des dispositions suffisantes. — Comme application, à la fin de la première année, on fait des croquis cotés représentant quelques instruments de culture.

2o Année. — Tracé des figures élémentaires de la géométrie plane : lignes verticales, horizontales, inclinées, parallèles, obliques, perpendiculaires, angles droits, angles aigus, angles obtus. — Bissectrice d'un angle. — Polygones divers. — Polygones réguliers. — Cercles et lignes qui se combinent avec lui. — Ovales, anses de panier, ellipses, courbes de raccorde-

ment d'un tracé continu ou par points. — Représentation des solides simples. — Dessin à l'échelle, en plan, coupe et élévation de bâtiments de l'École ou de serres, d'après les croquis cotés exécutés par les élèves.

3e Année. — Dessin à l'échelle d'un canevas polygonal décomposé en triangles, dont on connaît la longueur des côtés ; même travail pour un polygone levé à l'équerre d'arpenteur, pour un polygone levé à la boussole et pour un levé au graphomètre.

Lavis de parcs et de jardins paysagers. Copie de la minute du levé de fin d'année et rédaction d'un projet de jardin, sur un terrain donné et d'après les indications du Professeur du cours d'architecture des jardins.

XIV. — LANGUE FRANÇAISE

M. LAFOSSE, professeur.

I. — Étude et syntaxe des mots.

Notions préliminaires. — De la proposition. — Étude des différentes sortes de propositions. — Analyse logique. — Ponctuation.

Nom ou substantif. — Définitions. — Genre, nombre. — Irrégularités dans le genre et dans le nombre des substantifs. — Pluriel des noms propres et des noms composés. — Orthographe des noms de plantes tirés d'une langue étrangère. — Formation des noms : 1o par les noms avec préfixes et avec suffixes ; 2o par les adjectifs ; 3o par les verbes, avec les temps des verbes et avec des suffixes. — Étymologie des principales expressions employées en horticulture. — Rôle du substantif dans la phrase. — Complément du substantif.

Article. — Définitions. — Article défini, article indéfini. — Article devant *plus, mieux, moins.* — Emploi, suppression et répétition de l'article.

Adjectif. — Définitions. — Du féminin et du pluriel dans les adjectifs qualificatifs. — Accord des adjectifs qualificatifs. — Degrés de signification. — Formation des adjectifs : par composition et par dérivation, avec les noms, les adjectifs et les verbes. — Rôle des adjectifs qualificatifs. — Adjectifs déterminatifs, adjectifs indéfinis.

Pronom. — Définitions. — Des différentes espèces de pronoms. — Emploi et répétition des pronoms. — Place que le pronom doit occuper dans la phrase. — Importance du pronom, son rôle.

Verbe. — Définitions. — Sujet. — Complément. — Des cinq espèces de verbes. — Radical. — Terminaison. — Nombres. — Personnes. — Modes. — Temps. — Conjugaisons. — Formation des temps simples et des temps composés. — Emploi des auxiliaires. — Emploi des temps de l'indicatif et du subjonctif. — Accord du verbe avec un ou plusieurs sujets. — Complément du verbe. — Place que les divers compléments doi-

vent occuper dans la phrase. — Formation des verbes : par composition et par dérivation.

Participe. — Définitions. — *Participe présent,* rôle du participe présent. — *Participe passé.* — Accord du partipe passé. — Principes généraux. — Participe passé avec *être.* — Participe passé avec *avoir.* — Remarques particulières. — Résumé.

Adverbe. — Définitions. — Du sens des adverbes. — Formation des adverbes. — Négation. — Emploi de la négation dans les propositions subordonnées. — Du rôle des adverbes dans la phrase.

Préposition. — Prépositions simples. — Locutions prépositives. — Fonction des prépositions dans le discours.

Conjonction. — Conjonctions simples. — Locutions conjonctives. — Remarques sur certaines conjonctions. — Rôle des conjonctions.

Interjection. — Origine de quelques interjections. — Interjections fréquemment employées.

II. — Style et composition.

Style. — Notions préliminaires. — Causes de variété dans le style. — Divisions du style d'après les idées et la forme. — Qualités et défauts du style. — Qualités générales. — Qualités particulières.

Des principales figures. — Définition et division. — Figures de pensées. — Figures de mots.

Composition. — Définitions. — Préceptes généraux. — Qualités nécessaires à toute composition. — Exercices préparatoires. — Homonymes. — Paronymes. — Synonymes.

Analyse critique de morceaux connus. — Descriptions. — Narrations. — Qualités. — Ornements. — Ton.

Lettres. — Ton. — Qualités. — Style. — Cérémonial des lettres. — Formules finales. — Rapports.

XV. — COMPTABILITÉ

M. LAFOSSE, professeur.

Considérations générales sur la comptabilité. — Définitions. — Des différents systèmes de comptabilité (partie simple, partie double). — Principes sur lesquels repose toute la comptabilité. — Éléments de commerce. — Marchandises. — Monnaies. — Effets de commerce. — Billet à ordre. — Traite ou lettre de change. — Chèque. — Endossement. — Rallonge. — Échéance. — Acquit. — Escompte. — Encaissement. — Protêt et ses conséquences. — Lettre de crédit. — Reconnaissance. — Timbre des effets de commerce.

Livres de comptabilité. — Prescriptions de la loi concernant les livres des commerçants. — Livres principaux : Journal, Grand-Livre, Livre des Inventaires, Copie de lettres — Livres auxiliaires : Mémorial ou Brouillard, Caisse, Main-d'œuvre, Engrais, Attelages, Carnet d'échéances.

Des différentes natures de comptes. — Comptes principaux. — Caisse. — Effets à recevoir. — Effets à payer. — Pépinières. — Serres. — Matériel d'exploitation. — Pertes et profits. — Capital. — Balance ou inventaire d'entrée. — Balance ou inventaire de sortie. — Comptes de répartition. — Engrais. — Main-d'œuvre. — Attelages. — Mobilier. — Frais généraux. — Des comptes avancés au sol. — Des comptes courants. — Manière d'ouvrir, de tenir et de solder chacun de ces comptes.

Application du mode des parties simples et du mode des parties doubles aux écritures d'une exploitation horticole.

Inventaire. — Actif : évaluation des plantes formant l'objet du commerce, du matériel, des attelages, etc. — Engrais. — Emblavures. — Argent. — Effets. — Créances. — Passif.

Partie pratique. — Inscription des opérations journalières sur le Brouillard. — Enregistrement immédiat des encaissements et des paiements sur le livre de Caisse. — Transcription des articles du Brouillard sur le Journal. — Report du Journal au Grand-Livre. — Enregistrement sur les Livres auxiliaires des faits journaliers, suivant leur nature et leur destination. — Relevé des Livres auxiliaires porté mensuellement ou annuellement au Journal, puis au Grand-Livre. — Inventaire de sortie. — Balance préparatoire. — Pointage. — Solde des comptes par balance de sortie et pertes et profits. — Solde du compte de pertes et profits par le compte du capital. — Actif, passif, bilan. — Réouverture des livres de l'exercice suivant.

XVI. — LANGUE ANGLAISE

M. LEGRAND, professeur.

Première année.

Les élèves écrivent sur un cahier spécial, sous la dictée du professeur : les jours de la semaine, — les quatre saisons, — les mois de l'année, — les nombres cardinaux, — les nombres ordinaux, — le verbe auxiliaire *To be* (être) et le verbe auxiliaire *To have* (avoir), — le verbe régulier *To call* (appeler), qui sert de type pour tous les verbes de la langue (en anglais, il n'y a qu'une seule conjugaison), — les formes affirmative, négative, interrogative, interrogative-négative, passive.

Le tableau des monnaies anglaises et américaines (États-Unis), avec l'indication de la valeur anglaise et de la valeur française. Modèle d'une note anglaise additionnée et règle pour faire cette addition. Tableau des poids (Poids *Avoirdupois* qui servent dans le commerce, et poids *Troy*, qui servent pour les matières d'or, d'argent, les expériences de physique et de chimie, etc...), avec l'indication de la valeur anglaise et de la valeur française.

Tableau des mesures de longueur, de superficie, de solidité, de capacité, avec l'indication de la valeur anglaise et de la valeur française.

Liste d'environ 300 mots pris parmi les termes les plus usuels employés en horticulture. — Mots désignant les couleurs. — Les temps primitifs (présent de l'infinitif, présent de l'indicatif, prétérit et passé indéfini) des verbes irréguliers les plus usités.

Indication de l'heure, de l'âge, de quelques phrases du langage courant.

Thèmes écrits et exercices oraux.

Traduction d'un *ouvrage élémentaire*.

Deuxième année.

Révision des matières vues en première année. — Thèmes de la syntaxe de la grammaire anglaise.

Continuation de la traduction d'un *ouvrage élémentaire*. — Petites phrases de conversation familières et faciles. — Lettres de commerce.

Observation. — Ainsi qu'il a été dit précédemment, les élèves appliquent chaque jour ce qui leur a été enseigné dans les cours en exécutant eux-mêmes tous les travaux qu'exigent les différentes cultures de l'École.

CHAPITRE V

PROGRAMME OFFICIEL DE L'ÉCOLE D'HORTICULTURE DE VERSAILLES

Nous terminerons cette étude de l'École d'horticulture de Versailles par le programme officiel.

L'École nationale d'horticulture établie au Potager de Versailles est placée sous l'autorité du Ministre de l'agriculture.

L'École ne reçoit que des élèves externes.

L'instruction y est donnée gratuitement.

La durée des études est de trois années.

Conditions d'admission.

Les candidats doivent être âgés de seize ans au moins et de vingt-six ans au plus au 1er octobre de l'année de leur admission.

Les demandes d'admission, rédigées sur papier timbré, doivent être adressées aux Préfets des départements dans lesquels résident les candidats, et parvenir le 1er septembre au plus tard, *délai de rigueur*.

Toutefois, pour les départements de la Seine et Seine-et-Oise, ces demandes doivent être adressées au Ministre de l'agriculture.

Elles sont accompagnées :

1º De l'acte de naissance du candidat ;

2º D'un certificat de moralité délivré par l'autorité locale ;

3º D'un certificat de médecin attestant la bonne constitution et l'aptitude physique du candidat aux travaux des jardins ;

4º Des certificats, titres ou diplômes dont le candidat est possesseur, ou de copies certifiées de ces pièces.

Sur le vu de ces pièces, qui doivent être légalisées, le Ministre ou le Préfet autorise, s'il y a lieu, le candidat à se présenter à l'examen et lui en donne avis.

Examen d'admission.

Les candidats subissent un examen d'admission qui porte sur les matières suivantes :

Épreuves écrites. — 1º Dictée d'orthographe, servant en même temps d'épreuve d'écriture ;

2º Questions d'arithmétique portant sur les applications du calcul et du système métrique, avec solution raisonnée ;

3º Une rédaction d'un genre simple (récit, lettre, etc.).

Épreuves orales. — 1º Analyse d'une phrase écrite au tableau noir ;

2º Éléments d'histoire et de géographie de la France ;

3º Questions d'application pratique sur le calcul et le système métrique.

Les épreuves de cet examen ont lieu le 15 septembre à la préfecture ou à la sous-préfecture devant un examinateur désigné par le Préfet, ou au siège même de l'École pour les candidats de la Seine et de Seine-et-Oise.

Les candidats qui ont subi ces épreuves d'une manière satisfaisante sont admis élèves titulaires. Ceux qui ont obtenu le certificat d'études primaires ou le certificat d'apprentissage d'une école pratique d'agriculture ou d'une ferme-école sont dispensés de l'examen d'admission. Les uns et les autres doivent être rendus à l'École le 1er octobre, date fixée pour l'ouverture de l'année scolaire. A leur arrivée, ils subissent tous un examen de classement, qui sert en même temps pour l'attribution des bourses de l'État. Pour cet examen, il est tenu compte aux élèves des connaissances techniques qu'ils peuvent posséder.

Enseignement.

L'enseignement de l'École d'horticulture de Versailles a principalement pour but de former des jardiniers capables et instruits, possédant toutes les connaissances théoriques et pratiques relatives à l'art horticole.

Cet enseignement embrasse les matières suivantes :

1º L'arboriculture fruitière de plein air et de primeur ; la pomologie ;

2º L'arboriculture d'ornement et forestière, comprenant la pépinière en général ;

3º La culture potagère de primeur et de pleine terre ;

4º La floriculture de plein air et de serre ;

5º La botanique élémentaire et descriptive ;

6º Les principes de l'architecture des jardins et des serres ;

7º Des notions élémentaires de physique, de météorologie, de chimie, de géologie, de minéralogie, appliquées à la culture ;

8º Les éléments de zoologie et d'entomologie dans leurs rapports avec l'horticulture et l'arboriculture ;

9º L'arithmétique et la géométrie appliquées aux besoins du jardinage (mesures de surface, cubages, levé de plans, nivellement, etc.) ;

10º Le dessin linéaire, le dessin de plantes et d'instruments ;

11º Des leçons de langue française et de comptabilité ;

12° Des leçons de langue anglaise;
13° L'exercice militaire.

L'instruction pratique est manuelle et raisonnée. Elle s'applique à tous les travaux de jardinage, quelles que soient leur nature et leur durée. Les élèves sont appelés à fournir la main-d'œuvre nécessaire à l'établissement et tenus d'exécuter ces travaux, auxquels une partie de leur temps est consacrée, afin d'acquérir l'habileté manuelle indispensable.

Indépendamment des cours et des conférences faits à l'École, des visites aux principaux établissements d'horticulture permettent de mettre sous les yeux des élèves les meilleurs exemples de la pratique horticole et arboricole.

Examens de fin d'année et de sortie.

A la fin de chaque année scolaire, un examen général a lieu et sert à établir le classement des élèves. Ceux d'entre eux qui sont reconnus trop faibles pour passer à une division supérieure cessent de faire partie de l'École.

Les élèves qui ont satisfait aux examens de sortie reçoivent, sur la proposition du jury d'examen, un certificat d'études délivré par le Ministre. En outre, les élèves sortis les premiers peuvent obtenir, si le degré de leur instruction et leurs aptitudes justifient cette faveur, un stage d'une année dans de grands établissements horticoles de la France ou de l'étranger. Une allocation de 1,200 fr. est affectée à chacun de ces stages, dont le nombre ne peut être supérieur à trois par année.

Toutefois, le stage n'est pas acquis de droit aux élèves classés les premiers. Il est accordé dans le cas seulement où les notes des examens de sortie démontrent qu'ils sont capables de tirer un bon parti de ce complément d'instruction, et de préférence à ceux qui manifestent des dispositions pour l'enseignement et le désir de s'y consacrer.

Bourses.

Des bourses au nombre de six, d'une valeur de 1,000 fr., et pouvant être fractionnées, sont accordées chaque année au concours aux élèves portés parmi les premiers sur la liste de classement.

L'allocation qui y est affectée est payable par douzième à l'expiration de chaque mois.

Les demandes de bourses de l'État doivent être adressées directement au Ministre avant le 1er septembre, terme de rigueur. Celles ci ne sont données qu'aux élèves qui ont justifié de l'insuffisance de leurs ressources pour leur entretien complet ou partiel à Versailles.

Les bourses peuvent être retirées si les titulaires viennent à démériter.

L'École d'horticulture admet également des élèves s'entretenant à leurs frais, ainsi que ceux envoyés par les départements, les villes, les associations agricoles ou horticoles, ou autres sociétés savantes, subventionnés par ces diverses administrations.

Tous les élèves, boursiers ou non, sont soumis aux mêmes études, aux mêmes travaux pratiques, aux mêmes examens et aux mêmes règlements intérieurs. Ils ne forment à l'École qu'une seule catégorie d'élèves, et sont astreints aux mêmes obligations.

Discipline.

Des règlements particuliers déterminent les heures de présence à l'École, l'emploi du temps, l'ordre des travaux et les règles à observer pour le maintien de la discipline intérieure.

Les élèves sont tenus de s'y soumettre, sous peine des punitions qui y sont indiquées.

Chaque année, les cours théoriques sont suspendus pendant deux mois, du 1er août au 1er octobre. Pendant cette période, des congés temporaires peuvent être accordés aux élèves qui en font la demande; mais le Directeur de l'École reste libre de les limiter ou de les refuser.

Tout élève qui ne rentre pas à l'expiration de son congé est considéré comme ayant abandonné l'École; il est rayé des contrôles, et ne peut rentrer qu'en vertu d'une décision du Ministre.

Vente des produits.

Par décision de M. le Ministre de l'agriculture, les produits de l'École nationale d'horticulture, établie au potager de Versailles, sont vendus directement au public. On peut se procurer ces produits, consistant en *fruits de primeur et de saison, légumes, plantes variées de plein air et de serres, fleurs*, etc., en s'adressant verbalement ou par lettre affranchie au Directeur de l'École.

Les personnes qui font leur commande par écrit sont priées de signer très lisiblement, et d'indiquer leur adresse d'une manière très précise.

Conditions de vente. — Les marchandises de toute nature sont vendues à prix fixe, sans remise ni escompte.

Les ventes se font expressément au comptant. Toutefois, pour les personnes qui sont en relations suivies avec l'établissement, leur compte est arrêté chaque fin de mois, époque à laquelle il doit être soldé.

Mode de payement. — Les payements sont effectués à la caisse du receveur des domaines à Versailles.

Produits livrés à Versailles. — Les ventes et les livraisons de marchandises se font sur place. — Les acheteurs sont donc priés de se munir de paniers-caisses, etc., et des matières nécessaires pour l'emballage. Cependant, on pourra trouver ces divers objets à l'École, où ils seront fournis contre remboursement immédiat de leur valeur. On reprendra les paniers servant à l'emballage pour leur prix, déduction faite d'une location fixée au cinquième de leur valeur, lorsqu'ils seront remis en bon état, franco et à domicile, dans le délai de trois jours.

Produits expédiés au dehors de Versailles. — Les marchandises qu'il y a lieu de livrer *exceptionnellement* au dehors de Versailles, voyagent aux frais, risques et périls de l'acheteur. Elles sont rendues franco à l'une des gares du chemin de fer de l'Ouest à Versailles, ou remises en ville à un commissionnaire qui la transportera à destination aux frais de l'acquéreur.

L'emballage, dû par l'acheteur, est coté au prix de revient.

Aussitôt après l'expédition des marchandises, une lettre d'avis annonçant le jour du départ, le nombre de colis, la gare expéditrice ou le nom du commissionnaire, est adressée au destinataire.

L'établissement décline, par avance, toute responsabilité si, par une circonstance quelconque, les marchandises n'arrivent pas ou arrivent en retard, ou sont avariées, gelées, etc., le destinataire ayant recours, dans ces cas, contre la compagnie des chemins de fer ou contre le commissionnaire du transport (loi du 10 septembre 1807. — Code de commerce, art. 103 et suivants).

L'établissement décline également toute responsabilité pour la réussite des végétaux qu'il fournit, cette réussite étant subordonnée à de nombreuses causes impossibles à prévoir.

Payement des produits expédiés. — Le payement des marchandises expédiées se fait, comme celui des marchandises livrées sur place, expressément au comptant. — Toutes les commandes doivent être accompagnées d'un mandat-poste ou d'un chèque au nom du receveur des domaines, à Versailles. — Faute de remplir cette condition, l'établissement aurait le regret de ne pouvoir expédier la commande.

TABLE DES MATIÈRES

Pages.

CHAPITRE PREMIER. — **Fondation de l'École d'horticulture de Versailles** . . .   7

   1. Fondation de l'École   8
   2. Le Potager de Versailles au XVIIe siècle   9

CHAPITRE II. — **Description de l'École d'horticulture de Versailles**   13

   1. Plan d'ensemble   13
   2. Les jardins   14
   3. Distribution intérieure de l'École   19
   4. Cultures potagères   20
   5. Cultures fruitières   21
   6. Cultures forcées   24
   7. Floriculture   24
   8. Arboriculture d'ornement . .   25
   9. Jardin d'hiver   26
   10. Serres de culture   28
   11. Pépinière   32
   12. École de botanique   32
   13. Station météorologique . . .   32
   14. Vente des produits   33

CHAPITRE III. — **Enseignement, professeurs et élèves**   35

   1. Cours et Instruction pratique.   35
   2. Excursions à Versailles et dans les environs . . .   36
   3. Règlement de l'École. Examens   37
   4. Service de santé   37
   5. Séjours à l'étranger   38
   6. Résultats acquis. — Avenir de l'École   38
   7. Association des anciens élèves   40

CHAPITRE IV. — **Programmes des cours professés à l'École**   43

   1. Arboriculture fruitière . . .   43
   2. Pépinière fruitière   44
   3. Arboriculture d'ornement et d'alignement   45
   4. Culture potagère   46
   5. Floriculture   47
   6. Botanique   48
   7. Architecture des jardins et des serres   49
   8. Physique terrestre, météorologie, chimie, géologie . . .   51
   9. Zoologie et entomologie . . .   52
   10. Arithmétique   53
   11. Géométrie   53
   12. Levé de plans. — Nivellement   54
   13. Dessin   55
   14. Langue française   55
   15. Comptabilité   56
   16. Langue anglaise   56

CHAPITRE V. — **Programme officiel de l'École**   57

   Conditions d'admission   57
   Examen d'admission   57
   Enseignement   57
   Examens de fin d'année et de sortie   58
   Bourses   58
   Discipline   58
   Vente des produits   58

IMP. GEORGES JACOB, — ORLÉANS.

62ᵉ ANNÉE — 62ᵉ ANNÉE

REVUE HORTICOLE

JOURNAL D'HORTICULTURE PRATIQUE

Fondé en 1829 par les Auteurs du BON JARDINIER

Paraissant le 1ᵉʳ et le 16 de chaque mois par livraisons grand in-8° de 32 pages,
avec une planche coloriée et de nombreuses gravures,
et formant chaque année un beau volume in-8° de 580 pages.

AVEC 24 MAGNIFIQUES PLANCHES COLORIEES

D'après des aquarelles de MM. Godard, P. de Longpré, Clément.

RÉDACTEURS EN CHEF :
{ MM. E. A. CARRIÈRE, ancien chef des pépinières au Muséum d'histoire naturelle.
Ed. ANDRÉ, architecte-paysagiste, ancien chef du service des plantations suburbaines de la Ville de Paris.

La *Revue horticole*, **fondée en 1829** par les auteurs du *Bon Jardinier*, et dont les **soixante ans d'existence** suffisent à affirmer le succès, est aujourd'hui le journal indispensable pour la **bonne tenue des jardins, des parcs et des serres**. Soins à donner au jardin potager, culture et conservation des légumes, taille des arbres fruitiers, choix des meilleures variétés, jardin fleuriste, jardin paysager, marcottes, boutures, greffes, outils et appareils de jardinage, culture forcée, serres, orangeries, plantes nouvelles, arbres et arbrisseaux d'utilité et d'agrément, toutes ces questions y sont traitées par les auteurs les plus compétents et les praticiens les plus habiles.

Des gravures de fleurs, fruits, outils, serres, etc., contribuent à la clarté des descriptions, et des **planches coloriées** d'une exécution remarquable, d'après les aquarelles d'éminents artistes, donnent la figure des plantes nouvelles et des fruits nouveaux les plus intéressants.

Une chronique très complète tient le lecteur au courant de tous les faits qui peuvent intéresser l'horticulture : comptes rendus d'expositions et de congrès, programmes des concours, listes des récompenses, séances de la Société nationale d'horticulture de France, etc.

A l'Exposition universelle de Paris en 1889, le jury a reconnu l'importance des services rendus par la *Revue horticole,* en lui décernant une **MÉDAILLE D'OR;** déjà en 1885, à l'Exposition internationale d'horticulture, la *Revue* avait obtenu une GRANDE MÉDAILLE D'HONNEUR, de la Société nationale d'horticulture de France.

La *Revue horticole* continue donc son œuvre, dans des conditions qui sont de nature à en étendre la légitime influence. La plus grande partie de ce résultat est due d'ailleurs à la fidélité bienveillante de ses abonnés, fortifiés dans cette opinion que tous les efforts de la *Revue* ont pour but le progrès constant de l'horticulture française.

Prix de l'abonnement : UN AN : **20** fr. — SIX MOIS : **10** fr. **50**

Les abonnements partent du 1ᵉʳ janvier ou du 1ᵉʳ juillet

☞ Un **numéro spécimen avec planche coloriée** sera adressé à toute personne qui en fera la demande, accompagnée de **30 centimes** en timbres-poste.

BUREAUX DU JOURNAL : 26, RUE JACOB, A PARIS.

www.ingramcontent.com/pod-product-compliance
Ingram Content Group UK Ltd.
Pitfield, Milton Keynes, MK11 3LW, UK
UKHW020032100726
13658UKWH00003B/1277